可持续建筑与城区标准化 2017

王清勤　主　编

鹿　勤　程志军
林波荣　林常青　叶　凌　副主编

中国建筑工业出版社

图书在版编目（CIP）数据

可持续建筑与城区标准化 2017/王清勤主编. —北京：中国建筑工业出版社，2017.12
ISBN 978-7-112-21492-1

Ⅰ.①可… Ⅱ.①王… Ⅲ.①建筑设计－可持续性发展－标准化－中国－2017 Ⅳ.①TU2-65

中国版本图书馆 CIP 数据核字(2017)第 275235 号

为践行绿色发展理念，推进美丽中国建设，打造生态文明建设新常态，并充分发挥标准化工作的指导、规范、引领和支撑作用，中国建筑科学研究院、中国工程建设标准化协会绿色建筑与生态城区专业委员会组织业内有关专家编撰了本书。主要内容包括：现状与发展、标准与规范、技术与产品、应用与实践、对接与借鉴，以及中国工程建设标准化协会绿色建筑与生态城区专业委员会介绍和可持续建筑与城区标准化大事记等附录。

本书为定期发布的蓝皮书类出版物，是按照年度组织不同主题的年度报告，力求全面系统地记录我国可持续建筑与城区标准化的发展历程。2017 年为蓝皮书第一部，主题是绿色建筑标准化，旨在为我国可持续建筑与城区建设的宏观管理和标准化决策提供支持，为行业发展、企业创新、工程实践和社会科普提供参考。

责任编辑：何玮珂　辛海丽
责任校对：焦　乐　王　瑞

可持续建筑与城区标准化 2017

王清勤　主　编

鹿　勤　程志军
林波荣　林常青　叶　凌　副主编

*

中国建筑工业出版社出版、发行(北京海淀三里河路 9 号)
各地新华书店、建筑书店经销
北京建筑工业印刷厂制版
北京建筑工业印刷厂印刷

*

开本：787×1092 毫米　1/16　印张：12　字数：289 千字
2018 年 1 月第一版　　2018 年 1 月第一次印刷
定价：36.00 元
ISBN 978-7-112-21492-1
(31163)

可持续建筑与城区标准化 2017

编 委 会

顾　　问： 王有为　毛志兵　李　迅　缪昌文　程大章　韩继红

主　　编： 王清勤

副 主 编： 鹿　勤　程志军　林波荣　林常青　叶　凌

编写委员：（按姓氏笔画为序）

马素贞　王元丰　田　炜　田慧峰　许远超
李洪凤　杨劲松　杨建荣　吴伟伟　何更新
宋　凌　张永炜　张惠锋　陈　军　范东叶
孟　冲　赵　力　赵霄龙　徐亚玲　高月霞
黄　宁　曹　勇　谢琳娜　路　宾
Johannes Kreissig（德国）

其他参编人员：（按姓氏笔画为序）

付光辉　朱荣鑫　刘剑涛　许　超　李宏军
李国柱　李海波　李海峰　杨艳平　何莉莎
邹　寒　张永炜　张　凯　张晓然　张　颖
范世锋　林　杰　罗　玮　季　亮　岳　迪
周硕文　赵　娜　钟秋爽　高铸成　酒　淼
黄晖皓　盖轶静　韩沐辰　魏景姝

指导单位： 住房和城乡建设部标准定额司
国家标准化管理委员会工业一部

主编单位： 中国建筑科学研究院
中国工程建设标准化协会绿色建筑与生态城区专业委员会

参编单位： 住房和城乡建设部标准定额研究所
清华大学
上海市建筑科学研究院（集团）有限公司
华东建筑设计研究院有限公司
住房和城乡建设部科技发展促进中心
中国城市科学研究会绿色建筑研究中心
机械工业第六设计研究院有限公司
北京交通大学
北京东方雨虹防水技术股份有限公司
上海城建物资有限公司
江苏省工程建设标准站
建研科技股份有限公司
德国可持续建筑委员会（DGNB）

序

我国工程建设标准（以下简称标准）经过60余年发展，国家、行业和地方标准已达7000余项，形成了覆盖经济社会各领域、工程建设各环节的标准体系，在保障工程质量安全、促进产业转型升级、强化生态环境保护、推动经济提质增效、提升国际竞争力等方面发挥了重要作用。

2015年，国务院印发《深化标准化工作改革方案》，正式拉开了中国标准化工作改革的序幕。住房和城乡建设部按照国务院改革方案的精神要求，随后启动实施了深化工程建设标准化工作改革。本次改革，将改变当前政府单一供给标准的体制，实现由政府主导的标准为经济社会发展“兜底线、保基本”，而由市场自主制定的标准来增加标准供给、引导创新发展。

目前，改革已从改革强制性标准、构建强制性标准体系、优化完善推荐性标准、培育发展团体标准、全面提升标准水平、强化标准质量管理和信息公开、推进标准国际化等方面全面展开。所有全文强制性标准将于2018年5月完成研编，强制性标准体系建设将随后完成；中国工程建设标准化协会、中国土木工程学会、中国建筑学会等均已开始制定和发布团体标准；建筑装修、门窗、可再生能源应用、防水等重点标准的关键指标提升研究将于2017年完成，随后将全面实施工程建设标准提升计划；中国标准翻译、国际标准申报和制定等国际化工作也都得到加强。

在绿色、生态、低碳方面，伴随着10余年来我国全面建设小康社会，新型城镇化与新型工业化、信息化和农业现代化“四化”同步发展的进程，相关工程建设标准开始起步和发展。自2006年我国首部绿色建筑标准《绿色建筑评价标准》GB/T 50378—2006发布至今，标准类别及数量迅速增加，标准覆盖范围不断拓宽，标准实施效果显著提高，为保障和引导住房城乡建设事业转型升级做出了重要贡献。

我国现有绿色建筑国家标准和行业标准近20部（含在编），中国建筑科学研究院承担了其中多半标准的主编或副主编任务，为我国工程建设的绿色、生态、低碳标准化工作做出了巨大贡献。作为全国建筑行业最大的综合性研究和开发机构，中国建筑科学研究院不仅负责编制我国主要工程建设技术标准，还积极承担标准化组织及技术支撑机构等组织管理工作。在绿色、生态、低碳方面，中国建筑科学研究院牵头成立了中国工程建设标准化协会绿色建筑和生态城区专业委员会，联合国内相关单位和专家积极探索和发展团体标准。

中国工程建设标准化协会自20世纪80年代接受原国家计委委托开展推荐性工程建设标准试点至今，协会标准编制历史逾30年，编制发布标准近500项。同时，协会标准也在与时俱进，满足市场和创新需要。协会于2015年依托中国建筑科学研究院成立绿色建筑和生态城区专业委员会后，更是加大了在绿色、生态、低碳方面填补政府标准空白、推动科技成果转化、满足市场更高技术要求的力度，初步取得了不错的成绩，近期还结合形势需求将绿色理念向建筑材料、城市更新、数字化智慧化发展延伸。

当前，生态文明建设战略、绿色发展理念和“绿色”建筑方针，以及我国的气候变化承诺，都对可持续建设提出了更新、更高的要求。而且，国际标准也已向着可持续发展、气候变化、碳足迹等领域发展，对全球经济、社会、技术、贸易产生着深刻影响。中国建筑科学研究院、中国工程建设标准化协会绿色建筑与生态城区专业委员会等单位适时组织业内知名专家共同编写了年度报告《可持续建筑与城区标准化 2017》，积极对国内外相关工作进行定期回顾和展望，充分体现了国有大型研发机构和标准化社会团体对于行业发展的关键地位和支撑作用。

恒者行远，思者常新。希望此书能对相关从业人员的专业技术工作以及可持续建筑和城区理念的全社会推广普及有所裨益，为我国绿色建筑和生态城区的建设、发展和推广发挥积极作用。

王俊

中国建筑科学研究院有限公司　董事长

中国工程建设标准化协会　理事长

前　言

气候变化问题是21世纪人类生存发展共同面临的重大挑战，积极应对气候变化，推进绿色、生态、低碳发展已成为全球共识和大势所趋。国家高度重视应对气候变化工作，把生态文明建设作为绿色可持续发展的重要举措，推动着我国绿色建筑事业的全面发展。绿色、生态、低碳发展顶层设计和制度建设逐步强化，国家相继制定发布了《城市适应气候变化行动方案》、《关于进一步加强城市规划建设管理工作的若干意见》、《住房城乡建设事业"十三五"规划纲要》、《建筑节能与绿色建筑发展"十三五"规划》等重大政策文件。2017年中央城市工作会议强调，做好城市工作要坚持集约发展，立足国情，改善城市生态环境，在统筹上下功夫，在重点上求突破，着力提高城市发展持续性、宜居性。在国家政策的大力支持下，我国绿色建筑与生态城区建设事业健康快速发展。

2017年3月，住房和城乡建设部印发《建筑节能与绿色建筑发展"十三五"规划》（以下简称《规划》），提出要根据建筑节能与绿色建筑发展需求，适时制修订相关设计、施工、验收、检测、评价、改造等工程建设标准。积极适应工程建设标准化改革要求，编制好建筑节能全文强制标准，优化完善推荐性标准，鼓励各地编制更严格的地方节能标准，积极培育发展团体标准，引导企业制定更高要求的企业标准，增加标准供给，形成新时期建筑节能与绿色建筑标准体系。加强标准国际合作，积极与国际先进标准对标，并加快转化为适合我国国情的国内标准。《规划》同时指出，要强化建筑节能与绿色建筑材料产品产业支撑能力，推进建筑门窗、保温体系等关键产品的质量升级工程。开展绿色建筑产业集聚示范区建设，推进产业链整体发展，促进新技术、新产品的标准化、工程化、产业化。

为践行绿色发展理念推进美丽中国建设，打造生态文明建设新常态，并充分发挥标准化工作的指导、规范、引领和保障作用，中国建筑科学研究院、中国工程建设标准化协会绿色建筑与生态城区专业委员会组织业内有关专家编撰了《可持续建筑与城区标准化2017》一书。

本书共分五篇，包括现状与发展、标准与规范、技术与产品、应用与实践、对接与借鉴，力求全面系统地展示2016～2017年我国可持续建筑和城区标准化发展的全景。

第一篇为"现状与发展"，从宏观层面上阐述了我国标准化改革和绿色建筑标准展望；探讨了绿色建筑标准体系的构建及评价；分析了欧盟建筑社会影响评价标准以及对我国的启示；介绍了《绿色建筑评价标准》GB/T 50378—2014荣获华夏建设科学技术奖一等奖的相关情况。

第二篇为"标准与规范"，主要介绍了2016～2017年我国已经发布的《绿色建筑运行维护技术规范》JGJ/T 391、《既有建筑绿色改造技术规程》T/CECS 465、《建筑与小区低影响开发技术规程》T/CECS 469、《健康建筑评价标准》T/ASC 02、《绿色仓库要求与评价》SB/T 11164，以及已报批的国家标准《绿色校园评价标准》的编制背景和工作、主要技术内容、关键技术及创新，以及其实施应用情况。

第三篇为“技术与产品”，主要介绍了绿色建筑评价中常用的模拟方法、绿色建筑评价工具和在线申报系统、既有外墙改造防水保温装饰系统、作为绿色建材的再生混凝土等技术和产品的特点与应用，及其对标准要求的符合性和实施的支撑程度。

第四篇为“应用与实践”，主要介绍了绿色建筑标识评价实践、《绿色建筑后评估技术指南》(办公和商店建筑版)、江苏绿色建筑标准化发展、《建筑环境数值模拟技术规程》DB31/T 922、既有工业建筑绿色化改造等方面相关标准的实施情况和完善建议，以及在地方、企业、工程中的实际应用情况。

第五篇为“对接与借鉴”，主要介绍了我国绿色建材评价技术的发展、欧洲标准化概况、建筑运营阶段碳排放国际标准 ISO 16745：2017 关键内容及对我国的启示、中德两国绿色可持续建筑的发展及共同前景等，以此展示我国国民经济建设和社会发展中本行业与其他事业、行业之间的相互支撑、关联和对接，其他国家所做相关工作情况，及对我国的参考借鉴价值和具体建议。

最后，以附录的形式介绍了中国工程建设标准化协会绿色建筑与生态城区专业委员会；以大事记的方式展示了 2016～2017 年相关的重大政策、标准规范和重要活动等。

本书为定期发布的蓝皮书类出版物，是按照年度组织不同主题的年度报告，力求全面系统地记录我国可持续建筑与城区标准化的发展历程。今年为蓝皮书第一部，主题是绿色建筑标准化，旨在为我国可持续建筑与城区建设的宏观管理和标准化决策提供支持，为行业发展、企业创新、工程实践和社会科普提供参考。

由于编著者水平有限，本书难免存在缺点和不妥之处，恳请读者批评指正。对本书的意见和建议，请反馈至中国建筑科学研究院标准规范处（地址：北京市朝阳区北三环东路 30 号）。希望与业内专家共同努力，将本报告打造为观察可持续建筑与城区行业及其标准化动态与趋势的精品之作。

目　录

第一篇　现状与发展

1　国家标准化改革与绿色建筑标准展望 …… 3
2　绿色建筑标准体系的构建及评价 …… 11
3　欧盟建筑社会影响评价标准及对我国的启示 …… 19
4　“华夏建设科学技术奖”一等奖项目——《绿色建筑评价标准》GB/T 50378—2014 …… 29

第二篇　标准与规范

1　《绿色建筑运行维护技术规范》JGJ/T 391—2016 …… 37
2　《既有建筑绿色改造技术规程》T/CECS 465—2017 …… 43
3　《建筑与小区低影响开发技术规程》T/CECS 469－2017 …… 50
4　《健康建筑评价标准》T/ASC 02—2016 …… 56
5　《绿色仓库要求与评价》SB/T 11164—2016 …… 62
6　《绿色校园评价标准》 …… 68

第三篇　技术与产品

1　绿色建筑模拟方法与应用 …… 77
2　绿色建筑评价工具及在线申报系统 …… 88
3　既有外墙改造防水保温装饰系统标准化研究与应用 …… 97
4　再生混凝土在绿色建筑结构中的应用 …… 107

第四篇　应用与实践

1　绿色建筑标识评价实践 …… 115
2　《绿色建筑后评估技术指南》（办公和商店建筑版）简介 …… 124
3　标准化助推江苏绿色建筑发展 …… 129
4　《建筑环境数值模拟技术规程》DB31/T 922—2015 …… 135
5　既有工业建筑绿色化改造特征分析与标准化现状 …… 141

第五篇　对接与借鉴

1　我国绿色建材评价技术发展略览 …… 149

2 欧洲标准化概况 …………………………………………………………………… 154
3 建筑运营阶段碳排放国际标准 ISO 16745：2017 关键内容及对我国的启示 ……… 160
4 建筑新常态 绿色可持续—中德两国绿色可持续建筑的发展及共同前景 ………… 168

附 录

附录 1 中国工程建设标准化协会绿色建筑与生态城区专业委员会简介 ………………… 175
附录 2 可持续建筑与城区标准化大事记 ………………………………………………… 177

第一篇　现状与发展

1　国家标准化改革与绿色建筑标准展望

中国建筑科学研究院　王清勤　李洪凤

标准是经济活动和社会发展的技术支撑，是国家治理体系和治理能力现代化的基础性制度。2016 年 9 月 10～14 日，第 39 届国际标准化组织（ISO）大会在北京成功举行。大会不仅扩大了中国影响、产生了中国效应，更是奉献了中国智慧、分享了中国经验。近年来，我国大力推进标准化改革，积极实施标准化战略，以标准助力创新发展、协调发展、绿色发展、开放发展、共享发展。特将我国标准化改革进行总述，并提出对可持续建筑与城区领域标准化战略的一点思考。

1.1　国家标准化改革

2015 年 3 月 11 日，国务院印发《深化标准化工作改革方案》（国发〔2015〕13 号），正式拉开了中国标准化工作改革的序幕。《方案》明确了标准化工作改革的总体目标为建立政府主导制定的标准与市场自主制定的标准协同发展、协调配套的新型标准体系，健全统一协调、运行高效、政府与市场共治的标准化管理体制，形成政府引导、市场驱动、社会参与、协同推进的标准化工作格局。《方案》提出了建立高效权威的标准化统筹协调机制、整合精简强制性标准、优化完善推荐性标准、培育发展团体标准、放开搞活企业标准、提高标准国际化水平 6 项改革措施，并将改革分为积极推进改革试点（2015～2016 年）、稳妥推进向新型标准体系过渡（2017～2018 年）、基本建成新型标准体系（2019～2020 年）三个阶段实施。

为贯彻落实改革精神，国务院办公厅于同年 12 月印发《国家标准化体系建设发展规划（2016～2020 年）》（国办发〔2015〕89 号），明确了 6 项主要任务：一是优化标准体系，调整标准供给结构，加快建立由政府主导制定的标准和市场自主制定的标准共同构成的新型标准体系；二是推动标准实施，提升标准化服务发展的质量和效益；三是强化标准监督，建立健全监督机制；四是提升标准化服务能力，降低企业标准化工作成本，提升竞争力；五是加强国际标准化工作，提升我国标准在国际上的影响力和贡献力；六是夯实标准化工作基础，加强自身能力建设。同时，《规划》还确定了经济建设、社会治理、生态文明、文化建设、政府管理 5 个标准化工作重点领域。

对于推进改革的第一阶段（2015～2016 年），国务院办公厅印发《贯彻实施〈深化标准化工作改革方案〉行动计划（2015～2016 年）》（国办发〔2015〕67 号），布置实施了强制性标准清理评估、推荐性标准复审和修订、推荐性标准制修订程序优化、团体标准试点、企业产品和服务标准自我声明公开和监督制度试点、加强标准实施与监督、改进标准化技术委员会管理、提高标准国际化水平、推动中国标准“走出去”、加强信息化建设、加大宣传工作力度、加强标准化工作经费保障、加强标准化法治建设、建立国务院标准化统筹协调机制 14 项任务。

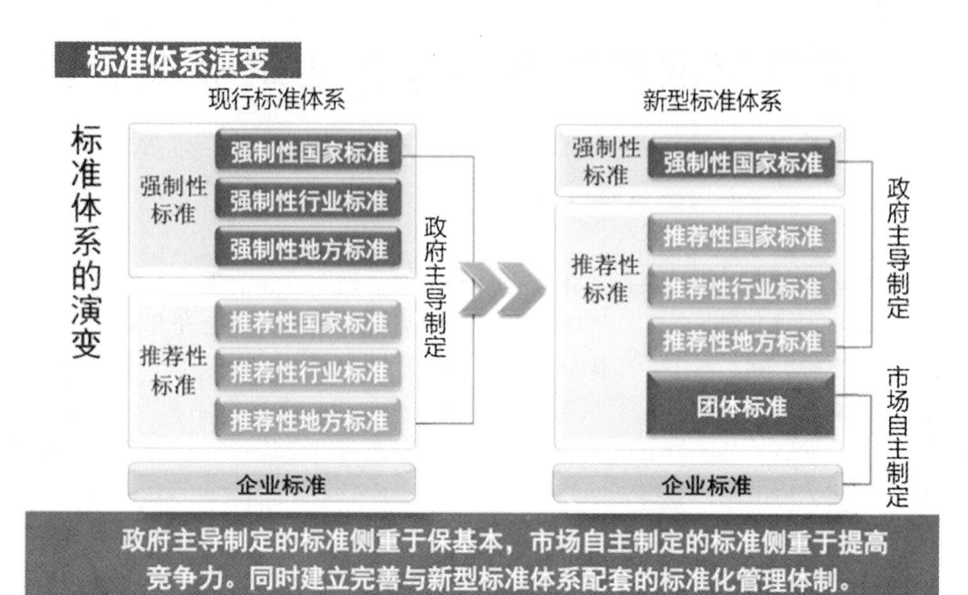

图 1-1-1　新旧标准体系

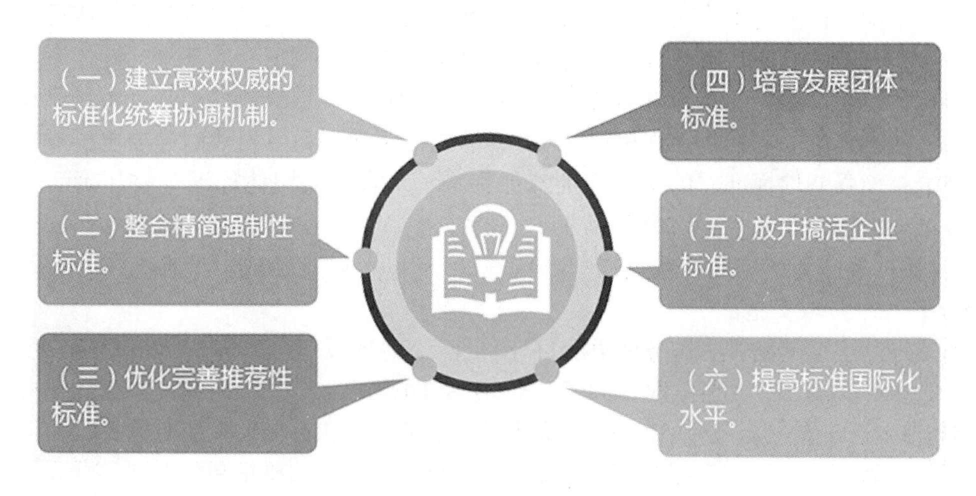

图 1-1-2　标准化工作改革措施

（图片来源：中国政府网 http：//www.gov.cn/xinwen/2015-03/26/content_2838700.htm）

第一阶段各项重点改革任务基本完成，实现了良好开局。一是强制性标准清理评估工作基本完成。13290 项强制性标准和计划进行了整合精简评估，超过 50％的强制性标准拟废止或转为推荐性标准。二是推荐性标准集中复审工作取得阶段性成果。近 10 万项推荐性国家标准、行业标准和地方标准开展集中复审，有近 30％左右需要修订完善。三是团体标准培育发展起步良好。截至 2017 年 4 月，已有 515 个社会团体制定了 814 项团体标准，依靠市场配置标准化资源成效初现。四是企业标准放开搞活成效显著。全面推行企业产品和服务标准自我声明公开和监督制度，逐步取消备案管理，全国已有 7 万多家企业，公开了 30 多万项标准，企业创新活力得到极大释放。五是标准制修订管理不断改进。加快标准立项频次、缩短立项周期，从 2016 年开始，国家标准立项频次由平均一年 2 批增至一年 4 批，立项周期由平均 8 个月缩短至 3～4 个月。六是标准国际化水平不断提升。2016 年我国在 ISO、IEC 提交国际标准提案达 160 项，同比增长 113%。国际标准化组织注册的中国专家近 5000 名，我国参与制定国际标准数量首次突破国际标准新增数量的 50%，在高速铁路、家用电器、移动通信等领域已处于国际领跑地位。七是建立了国务院标准化协调推进部际联席会议制度。国务院分管领导同志担任召集人，质检总局（国家标准委）为牵头单位，成员由 39 个部门和单位组成，目前已召开了三次全体会议。

对于改革的第二阶段（2017～2018 年），国务院办公厅印发《贯彻实施〈深化标准化工作改革方案〉重点任务分工（2017～2018 年）》（国办发〔2017〕27 号），对基本建立统一的强制性国家标准体系、加快构建协调配套的推荐性标准体系、发展壮大团体标准、进一步放开搞活企业标准、增强中国标准国际影响力、全面推进军民标准融合、提升标准化科学管理水平、推动公益类标准向社会公开、加快标准化法治建设、推动地方标准化工作改革发展、加强标准化人才队伍建设、强化标准化经费保障 12 项任务提出了要求和分工。改革正在稳妥推进向新型标准体系过渡。

1.2　工程建设标准化改革

按照国务院改革方案的精神要求，住房和城乡建设部于 2016 年 8 月 9 日印发《深化工程建设标准化工作改革的意见》（建标〔2016〕166 号），明确了未来 10 年工程建设标准化改革的目标和任务。计划到 2025 年，初步建立以强制性标准为核心、推荐性标准和团体标准相配套的标准体系。任务包括改革强制性标准、构建强制性标准体系、优化完善推荐性标准、培育发展团体标准、全面提升标准水平、强化标准质量管理和信息公开、推进标准国际化 7 个方面。

为此，住房和城乡建设部标准定额司将“深化工程建设标准化改革，全面提高建筑标准水平”列为 2017 年工作要点，具体从全面提高工程建设标准覆盖面、全面提升工程建设标准水平、全面与国际先进标准接轨“三个全面”着手。其中，标准覆盖面方面特别强调了强制性标准改革，将制定覆盖各类工程建设项目全生命期的全文强制性标准（技术规范），取消目前零散的强制性条文；标准水平方面将制定实施工程建设标准提升计划，重点以装修、门窗、能源应用、防水等为抓手。

另一方面，为了促进社会团体批准发布的工程建设团体标准健康有序发展，建立工程建设政府标准与团体标准相结合的新型标准体系，住房和城乡建设部办公厅发布了《关于培育和发展工程建设团体标准的意见》（建办标〔2016〕57 号）。《意见》提出：到 2020 年，培育一批具有影响力的团体标准制定主体，制定一批与强制性标准实施相配套的团体标准，团体标准化管理制度和工作机制进一步健全和完善；到 2025 年，团体标准化发展更为成熟，团体标准制定主体获得社会广泛认可，团体标准被市场广泛接受，力争在优势和特色领域形成一些具有国际先进水平的团体标准。

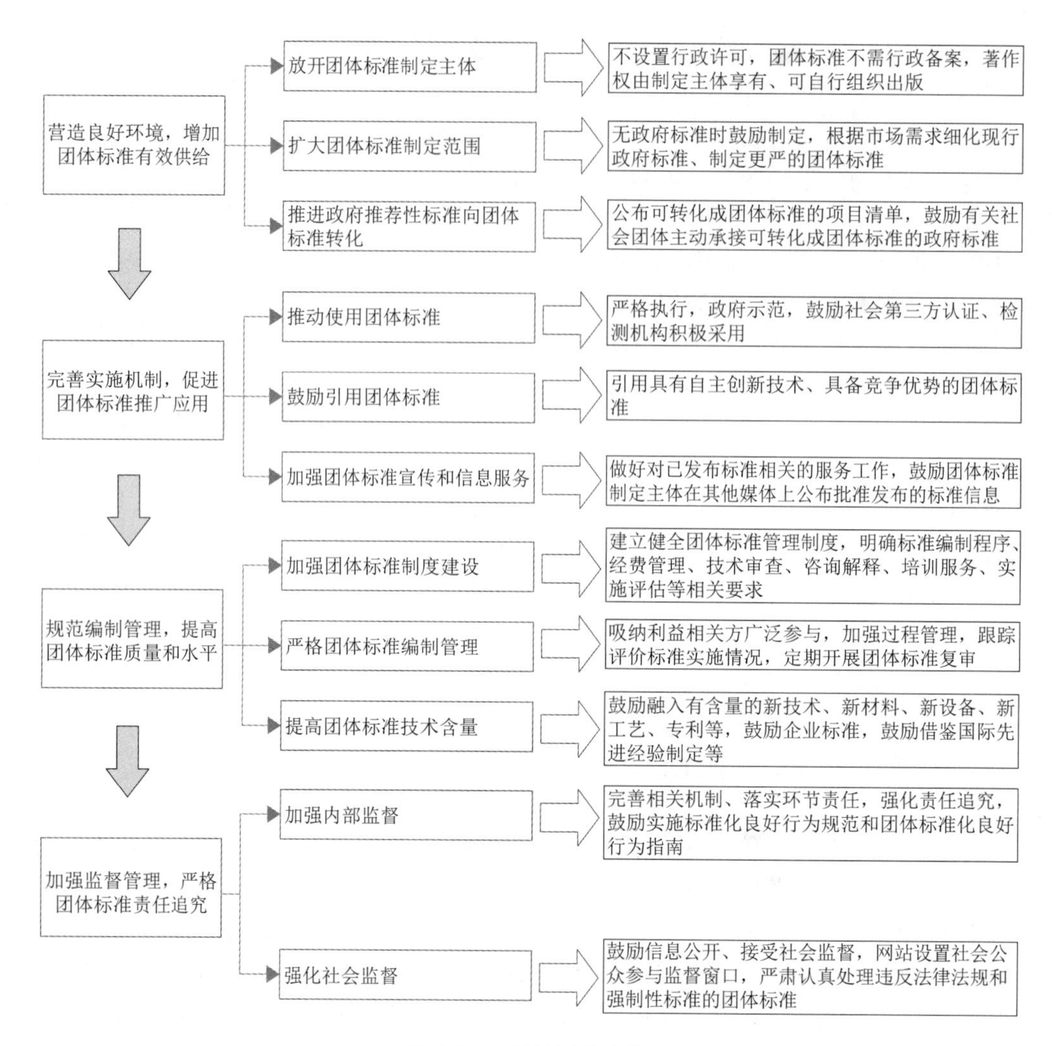

图 1-1-3　团体标准改革

1.3　绿色建筑标准现状分析

在 2006 年版的《绿色建筑评价标准》发布实施后，我国国家层面现有的及即将完成的绿色建筑标准共约 20 部，可形成一个较为完整的标准体系，较好地实现对绿色建筑主要工程阶段和主要功能类型的全覆盖。可将这些标准类聚为特定阶段的绿色评价标准、特定功能类型的绿色建筑评价标准、特定阶段的绿色建筑专用标准（规范或规程）、特定专业的绿色专用标准（或规程）等多个子集，如表 1-1-1 所示。

绿色建筑主题的国家和行业标准　　**表 1-1-1**

标准名称	标准编号或级别	备注
绿色建筑评价标准	GB/T 50378—2014	现行
特定阶段的绿色评价标准		
建筑工程绿色施工评价标准	GB/T 50640—2010	现行

续表

标准名称	标准编号或级别	备注
特定阶段的绿色评价标准		
既有建筑绿色改造评价标准	GT/T 51141—2015	现行
特定功能类型的绿色建筑评价标准		
绿色工业建筑评价标准	GB/T 50878—2013	现行
绿色办公建筑评价标准	GB/T 50908—2013	现行
绿色商店建筑评价标准	GB/T 51100—2015	现行
绿色医院建筑评价标准	GB/T 51153—2015	现行
绿色饭店建筑评价标准	GB/T 51165—2016	现行
绿色博览建筑评价标准	GB/T 51148—2016	现行
绿色校园评价标准	国家标准	报批
绿色生态城区评价标准	GB/T 51255—2017	2018.4.1 实施
烟草行业绿色工房评价标准	YC/T 396—2011	按 GB/T 1.1—2009 规则起草
绿色铁路客站评价标准	TB/T 10429—2014	现行
绿色仓库要求与评价	SB/T 11164—2016	现行
特定阶段的绿色建筑专用标准		
民用建筑绿色设计规范	JGJ/T 229—2010	现行
建筑工程绿色施工规范	GB/T 50905—2014	现行
绿色建筑运行维护技术规范	JGJ/T 391—2016	现行
既有社区绿色化改造技术规程	行业标准	在编
民用建筑绿色性能计算规程	行业标准	在编
特定专业的绿色专用标准		
预拌混凝土绿色生产及管理技术规程	JGJ/T 328—2014	现行
绿色照明检测及评价标准	国家标准	在编

基于前述标准现状，可对绿色建筑标准发展进行态势分析（即 SWOT 分析）如下：

图 1-1-4　绿色建筑标准的优劣势、机遇和挑战

首先，绿色建筑标准优势明显，包括：国家对绿色建筑提出了全面推进的要求，是标准发展的最大政策红利；目前绿色建筑标准不仅数量占优，而且已覆盖主要工程阶段和主要功能类型，标准之间协调统一，自成体系。在此不再展开。

其次，对应的劣势则在于：绿色建筑的内涵和外延不断丰富，技术创新层出不穷，工程中对于绿色建筑实践的各种需求也不断提出，但受制于改革之前政府标准的编制、审批等管理流程，标准"到手能用"及其中具体的技术规定均往往滞后。对于评价标准而言，特定类型建筑项目对于《绿色建筑评价标准》GB/T 50378 或专项评价标准如何选用，特定地区的建筑项目对于这些国家标准或当地地方标准如何选用，单靠标准自身已无法划定边界。另一方面，这些标准在保持协调统一的同时，也不可避免地存在较大程度的内容重复。

最后，绿色建筑标准发展所面临的机遇和挑战，是互相依存、互相转化的。主要在于以下三方面：

(1) 标准化工作改革，将实现标准的政府和市场"两条腿"走路，较好解决标准供给和缺失滞后等问题，形成更加衔接配套、协调完善的标准体系。而按照改革后的政府标准分类，绿色建筑标准主要属于推荐性质，即将面临清理和缩减，并完成向政府职责范围内的公益类标准过渡。现已形成的绿色建筑标准规模和权威性，可能将受到一定影响。但有一点可以肯定的是，将有更多的社会团体开展对绿色建筑标准的探索，呈现百花齐放、百家争鸣之势。这些团体标准在加大标准供给的同时也面临着市场竞争和优胜劣汰，将存在一个大浪淘沙、去芜存菁的过程。

(2) 住房和城乡建设部已发布通知（建办科〔2015〕53 号），推行绿色建筑标识实施第三方评价。通知不仅对第三方评价机构的数量和工作质量提出了要求，有助于推广绿色建筑标准应用并保障实施到位，而且明确了对于《绿色建筑评价标准》GB/T 50378、专项评价国家标准、地方标准等的选用问题，现有标准之间的适用范围边界更加清晰。然而，业内对此也存在"一放就乱"的担心，特别是标准中涉及主观评判的内容，易发生实践中理解、执行不一的情况，需加强对标准实施的指导和监督。

(3) 绿色建筑推广力度加大，按照 2020 年的推广比例目标，绿色建筑标准将用于全国半数工程项目，数量庞大；一些地方还采用立法、规范性文件、标准强制性条文等举措实现了绿色建筑标准的强制执行（以设计标准为主），标准效力和应用得到增强。随之而来的，则是对标准的贯彻执行情况和实施效果检查提出了新的要求，责任制度建设、信息化手段等均要配套跟上。

1.4 绿色建筑标准发展展望

如前所述，标准将在保障和引导两方面为我国绿色建筑发展发挥重要作用，具体包括：

(1) 绿色建筑标准将成为建筑提升品质与性能、丰富优化供给的主要手段。

从全生命期角度，标准在所覆盖的工程项目主要阶段基础上再细分深入，为设计阶段的施工图审查、施工阶段的竣工验收、运行阶段的检测、调试等重点环节和工作提供支持，更好保障建筑绿色品质。从性能要求角度，在绿色建筑标准中的现有规定基础上进一步提高指标和发展延伸，由节能提高到被动式超低能耗，由室内外环境提高到人员身心健康，使建筑绿色性能更加提升和丰富。从适用对象角度，对于特殊形态的绿色建筑及区域、绿色建筑实践过程中的特定工作、甚至是开展绿色建筑实践的特定区域、单位等，均可利用团体标准机动灵活的特点进行标准化，进而丰富市场供给。

(2) 绿色建筑标准将成为全产业链升级转型和生态圈内跨界融合的促成要素。

标准目前的技术内容主要针对建筑设计、施工、运行等主要阶段，对于建筑全生命期内的建材产品生产、室内装饰装修、建筑改扩建、拆除回收等也有所体现并还将加强，例如可结合绿色建筑标准进一步促进绿色建材推广。另一方面，对于标准所涉及的多个环节多方面技术也可进一步有机集成，形成产业新的增长点，例如兼具节材、节地、绿色施工等效果的装配式建筑。更进一步，标准所涉及技术还可带动和融入相关行业产业创新，例如多项技术所需开展的模拟均可借助 BIM 及其平台和工具实现，实现信息产业与建筑业的深度融合；又如标准提出的质量、环境、职业健康安全、能源管理体系等要求，不仅直接带动了认证认可工作，还将间接扩大合同能源管理等相关业务需求。

(3) 绿色建筑标准将成为城乡建设及有关事业践行绿色发展理念的重要基础。

对建筑本体而言，绿色建筑评价标准中的要求应逐步落实和体现于绿色建筑工程建设、运行管理标准中，又进而影响各学科专业的通用和专用标准，借此最终作用于所有建筑上。对于城乡建设而言，绿色建筑的推广、普及、集聚为更大尺度下的绿色生态城区（或园区），乃至绿色村镇创造了前提条件，绿色生态城区、绿色村镇的相关标准或导则均提出了绿色建筑比例要求。对于建筑所服务事业而言，绿色的建筑及设施是本行业本领域绿色发展的硬件基础，现已有绿色卫生服务、绿色流通、绿色机场分别对绿色医院建筑、商店建筑与饭店建筑、航站楼提出要求，未来将有更多行业将绿色建筑作为其绿色发展的前提性要求。

以下，分别针对政府主导和市场自主的两类绿色建筑标准提出如下展望建议：

首先，在政府主导标准方面，虽然绿色建筑尚未被列入住房城乡建设领域的强制性标准体系，但绿色建筑作为住房城乡建设领域推进绿色发展、助建生态文明、服务社会发展、保障改善民生的具体技术手段之一，可以预见仍将会在政府主导制定的国家标准、行业标准、地方标准中发挥重要作用。具体而言：

(1) 对于国家和地方的绿色建筑评价类标准，已基本实现了对于建筑全生命期各阶段、建筑各使用功能类型、我国气候和资源各异的广袤区域的三个全覆盖；而且，各标准之间的评价方法更趋协调，共同形成一个相对统一的绿色建筑评价体系。虽然在当前标准化工作改革之下，这一批标准面临精简整合的可能，但未来的绿色建筑评价标准中充分考虑和体现针对性和适宜性仍是一个重点。

(2) 对于评价用途之外的绿色建筑国家和行业标准，不仅可为设计、施工、运维等不同技术人员群体提供实现绿色建筑目标的具体指导，近期还进一步发展为服务于社区改造、性能计算模拟等更为具象和细分的技术工作。按照工程建设标准化工作改革的“统筹协调”原则，这些标准中的技术要求，有望更进一步与绿色建筑评价标准中的评价要求互相呼应、互相吸收，实现良好衔接配套。

(3) 对于绿色建筑地方标准，东部地区省市在“十三五”期间将全面执行绿色建筑标准，中西部的重点城市也将强制执行绿色建筑标准，为绿色建筑地方标准的强制性属性创造了条件。不仅如此，地方标准还可通过在国家和行业标准基础上根据地方实际适当提高某些技术条文的指标要求，进而实现先行地区的绿色建筑向更高性能发展。

另一方面，对于市场自主标准，目前从事绿色建筑标准编制的社会团体主要有中国绿色建筑委员会和中国工程建设标准化协会。中国工程建设标准化协会新设立的绿色建筑与生态城区专业委员会现已先后组织逾20部工程建设协会标准的编制，重点针对特殊形态的绿色建筑及区域、绿色建筑建设中的质量控制重点环节、绿色建筑涉及的重点技术问题等重点组织拟编协会标准，有望较好地作为政府主导标准的有益补充和有力支撑，进而与政府主导标准达成优势互补、良性互动、协同发展的标准化工作模式。未来还将会有更多的学会、协会、商会、联合会以及产业技术联盟等社会团体开展对绿色建筑标准的探索，在加大了标准供给的同时团体标准也将面临市场竞争和优胜劣汰。可以预见，在大浪淘沙、去芜存菁的过程之后，只有好懂、好用的标准才能“笑傲江湖”。

市场自主标准的另一个重要组成部分是企业标准。我国绿色建筑企业针对内部标准的早期探索，也为绿色建筑国家标准和行业标准积累了经验。随着绿色建筑市场的进一步增长，一些标准化专业机构面向市场服务的转型和扩展以及企业标准备案手续的逐步取消，绿色建筑企业标准有望得到进一步盘活。从业企业均可结合自身品牌定位、技术路线、市场需求、项目特点等，基于现有政府标准和其他市场标准为自己“量身定做”更适宜、更实用甚至更先进的企业标准。

1.5 结语

正如习近平主席在《致第39届国际标准化组织大会的贺信》中所言，标准是人类文明进步的成果。从中国古代的“车同轨、书同文”到现代工业规模化生产，都是标准化的生动实践。在工程建设领域，我国春秋战国时期的技术规则与工艺规范类文献《考工记》，就已记载了“匠人”建国、营国、为沟洫等规划和工程制度规定。发展至今，标准化体系已成为现代国家治理体系的重要组成部分，工程建设标准更在保障工程质量安全、促进产业转型升级、强化生态环境保护、推动经济提质增效、提升国际竞争力等方面发挥了重要作用。当前的标准化改革，赋予了绿色建筑标准在节能减排、新型城镇化等标准化重大工程中不可或缺的独特作用，绿色建筑标准化也更应承载起在社会治理领域保障改善民生、在生态文明领域服务绿色发展的重要使命。

2 绿色建筑标准体系的构建及评价

住房和城乡建设部标准定额研究所　林常青
南京工业大学　付光辉

2.1 研究背景

2.1.1 背景和目的

当前我国正处于城市化快速发展的阶段，所进行的城乡建设规模是世界之最，尤其是近年来，每年新增建筑面积约 20 亿 m^2，占世界一半，居世界首位。在全社会对建筑业的持续发展越来越重视的背景下，推广和发展绿色建筑时机已经到来，亟需构建适应中国国情的绿色建筑标准体系，以满足绿色建筑发展对标准数量的增长与标准内容修订的需求，为我国绿色建筑的蓬勃发展提供保障。

当代建筑，尤其是绿色建筑的快速发展，单体工程的规模越来越大，社会对于建筑物功能、性能的要求不断提高，如果仅仅依靠政府的行政手段，很难组织、协调好各方面，这就需要通过系统化的标准来实现科学合理的管理，利用标准化去协调各阶段、各专业，同时由于标准与标准间存在着一定的内在联系，相互依存和制约、相互补充和衔接，进而构成了绿色建筑建设领域的标准体系。绿色建筑标准体系覆盖的全部标准，组成了一个全面而科学的标准体系，体系的系统效应可以使绿色建筑在全生命期内的各个阶段、各专业实现各自目标，从而获得最佳效益。

当前中国绿色建筑标准体系的研究还在起步阶段，首先，绿色建筑市场发展速度与绿色建筑技术的提升速度和标准规范的编制速度不匹配。鉴于我国绿色建筑起步晚，许多技术标准引自国外，导致标准的运用中常常出现不适应的状况。其次，现行的绿色建筑标准数量较少、专业覆盖面还较窄、标准编制的预见性、计划性不够强，滞后于绿色建筑技术的发展，再用于指导绿色建筑技术显得颇为被动；而有些特定需要独立编制的标准，在绿色建筑要求的不断提高和新技术的不断涌现情况下，与其他标准之间就显得不协调、不配套、不合理、互相重复甚至冲突等。最后，由于缺少对绿色建筑标准体系的统一研究，缺乏对国家与行业标准之间内在关系的科学分析，特别是针对绿色建筑技术路线研究的欠缺，绿色建筑标准的制定、修订工作存在着系统性、指导性不强等问题。

我国城镇化进程加速发展，随之而来的则是对城镇住宅建筑面积的巨大需求量，由此带来城镇住宅能耗的迅速增长；同时，我国城镇居民生活水平即将到中等发达国家水平，家用电器的数量逐渐增多，建筑设备的形式和能耗模式正在向发达国家靠拢，各种家用设备的使用频次和范围越来越大，这些终将导致我国住宅建筑能耗快速增长。因此，大力推广绿色建筑是适应我国城市化快速发展的必然要求，可以有效降低建筑能耗，实现节能减排。本文通过分析我国现行绿色建筑标准的现状和问题，确定先进而科学的标准体系构建的原则、方法及基本结构，建立科学全面及实用性强的绿色建筑标准体系，之后引入标准体系的评价和标准优先度研究，为标准体系指出科学的发展方向，从而给我国绿色建筑的发展提供保障，推进绿色建筑事业健康发展。

2.1.2 研究意义

研究绿色建筑标准体系的构建及评价是实现绿色建筑目标要求的必然要求，具有以下几方面重要的意义：

（1）通过标准体系的研究，可以为绿色建筑工作提供重要的技术保障，有利于推进绿色建筑标准体制、管理体制、运行机制的改革，有利于绿色建筑标准化工作的科学管理。是引导相关设计单位、施工单位及各类建设主体按照相应的标准从事相关建设活动、开展绿色建筑评价和建设的标尺和依据。

（2）研究标准体系可以加大各类建设主体推动绿色建筑工作的力度，为全面推进绿色建筑工作提供从规划、设计、施工、产品，到验收、管理、评价计算等全过程的标准框架体系。有利于满足绿色建筑新技术的应用与推广，尤其是高新技术在绿色建筑领域的运用，充分发挥标准化的桥梁作用，扩大覆盖范围，起到保证绿色建筑质量与安全的技术控制作用。

（3）标准体系的评价和标准优先度研究，提高了各工程标准制订、修订的规范性和方向性。在兼顾现状并考虑今后一定时期内技术发展需要的同时，可以实现以最小的资源投入获得最大标准化和最优标准体系的效果，以合理的标准数量覆盖最大的范围。最终形成结构优化、数量合理、层次清楚、分类明确、协调配套和科学开放的有机标准体系。

2.2 研究路线

从国内外绿色建筑标准及评价体系研究着手，通过比较发达国家和我国绿色建筑标准，从理论上得到了我国现行绿色建筑标准体系的一些问题，提出了绿色建筑全生命期标准体系，试图从全生命期覆盖度分值和绿色建筑目标覆盖度分值两个方面对体系进行评价。接着，研究标准体系中标准的优先度，对标准的重要性排序。具体研究过程见图1-2-1。

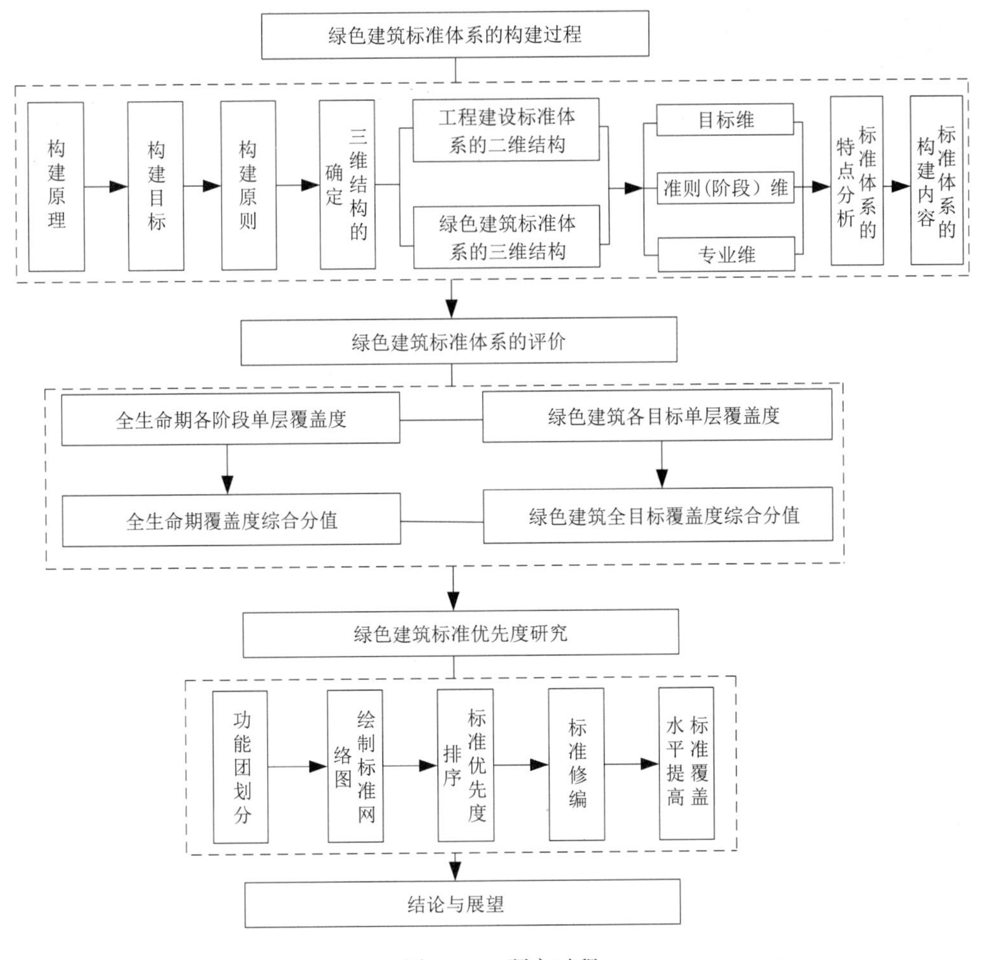

图 1-2-1　研究过程

2.3　主要研究内容

2.3.1　标准体系层次

绿色建筑标准体系分为目标标准、评价标准、实施标准和支撑标准四个层次（图 1-2-2）。

本次标准体系以目标为导向，构建了涵盖“四节一环保”的标准体系，共涉及标准 387 本，形成了较为完善的标准体系。

2.3.2　体系内容

①目标标准，反映通过绿色建筑的实施达到的具体目标。

②评价标准，以《绿色建筑评价标准》GB/T 50378 为核心，生态城区、绿色校园、交通建筑、既有建筑改造、绿色施工等特殊类型为补充。评价标准包括建筑物评价标准和区域评价标准两类，其中建筑物评价标准又分为新建建筑物评价标准、既有建筑改造评价标准和专业评价标准。

③实施标准，主要包括工程标准和产品标准，其中工程标准和产品标准又细分为节地

与室外环境标准、节能与能源利用标准、节水与水资源利用标准、节材与材料利用标准、室内环境质量标准、施工和运行管理标准。

④支撑标准，由计算方法标准、检测方法标准、参数标准、数据库标准和软件标准共同构成。

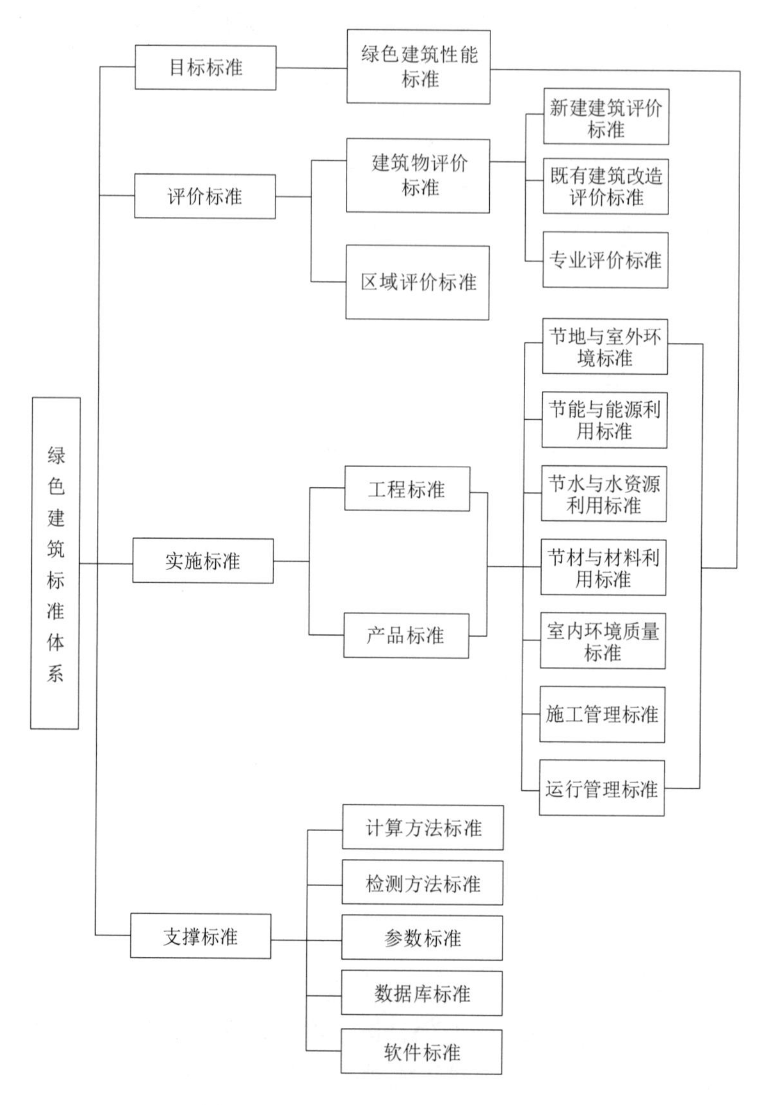

图 1-2-2 绿色建筑标准规范体系图

2.3.3 体系三维结构

从绿色建筑形成过程中的各专业和全生命期的各阶段的角度，构建出涵盖目标、阶段、专业三个维度的绿色建筑标准体系（图 1-2-3）。按照图中的关系，能够排列组合成 5×6×20=600 大类标准，每一大类的细分又可包括国家标准、行业标准。每一个标准在每一个坐标轴上都有对应的位置，这样就可达到对所有标准定位的目的。

鉴于同一专业在不同阶段有不同的表现形式，本文将上文所列出的 20 个专业维简化成 11 个进行分析评价（图 1-2-4）。

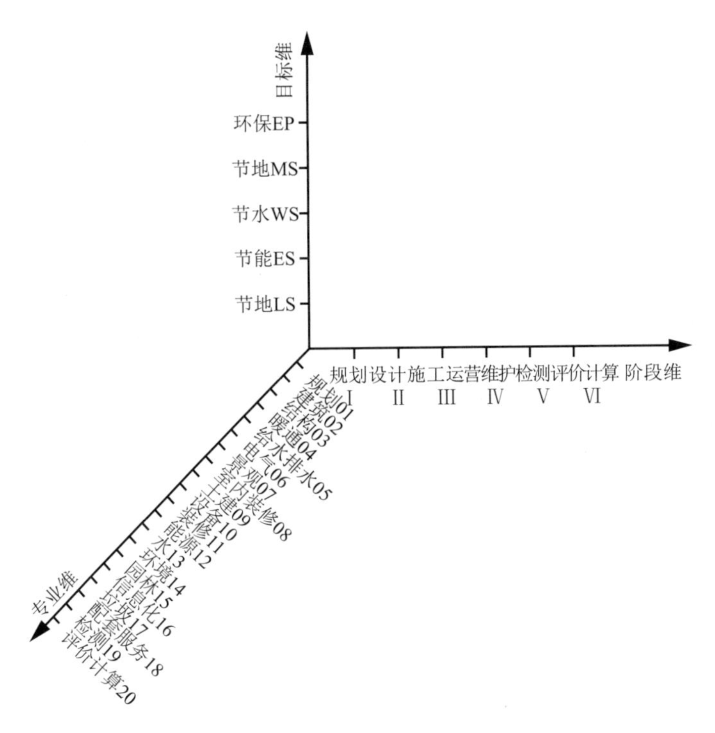

图 1-2-3　绿色建筑标准体系三维结构图

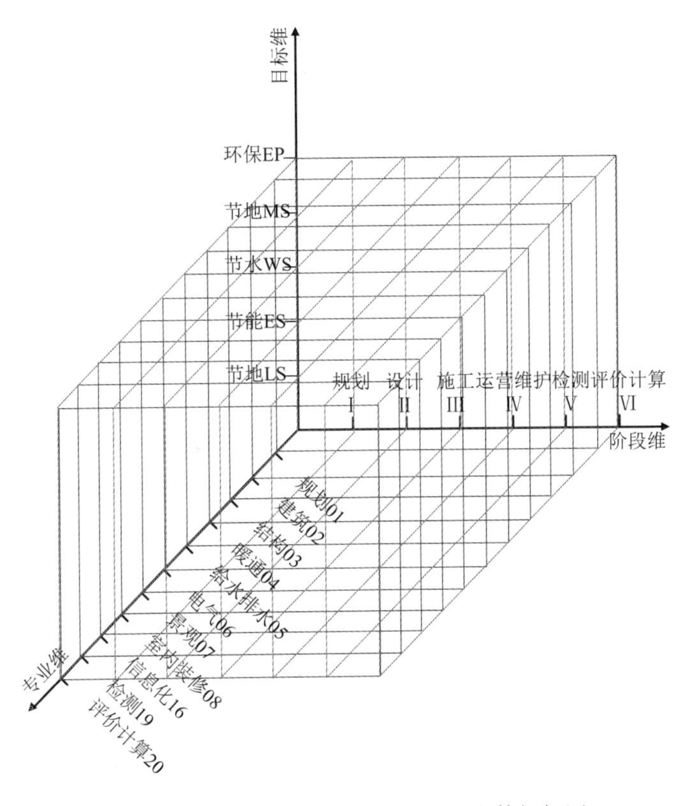

图 1-2-4　绿色建筑标准体系三维立方体框架图

2.3.4 标准体系覆盖度评价

将绿色建筑标准体系的三维空间结构分别对不同的坐标平面进行投影，根据空间体的投影节点的数量结合权重得出在不同坐标平面上的标准体系测度模型。对不同专业在绿色建筑全目标、不同专业下的覆盖程度的测度结果进行动态评价，利用熵权法建立评价模型。根据建立的模型，针对现行的国家、行业标准，得出在不同层次和范围的标准体系目标覆盖度指标评价值和全生命期覆盖度指标评价值，从而对标准体系的制修订的重点和覆盖水平提供数据上的依据，结合专家调研，得到标准体系在每个专业的制修订的任务，从而实现绿色建筑标准体系的动态调整。

通过标准对规划、设计、施工、运营维护、检测、评价计算等阶段的覆盖情况进行评价，可以分析标准体系在不同发展阶段对建筑物全生命期要求的满足程度，从而更加客观地衡量其先进性。从表 1-2-1 结果可以看出，覆盖度最高为设计阶段，其次是规划阶段，而运营维护阶段、评价计算的覆盖度较低，这是下一步绿色建筑工作推进的重要方面。

标准体系全生命期覆盖度分值　　表 1-2-1

阶段		规划阶段（Ⅰ）	设计阶段（Ⅱ）	施工阶段（Ⅲ）	运营维护阶段（Ⅳ）	检测阶段（Ⅴ）	评价计算阶段（Ⅵ）
熵权		0.23	0.06	0.12	0.15	0.23	0.22
得分	规划	1.15	0.00	0.00	0.00	0.00	0.00
	建筑	0.92	0.30	0.60	0.00	0.00	0.22
	结构	0.00	0.30	0.00	0.00	0.00	0.00
	暖通	0.00	0.30	0.60	0.29	0.00	0.22
	给水排水	0.00	0.30	0.00	0.44	0.00	0.00
	电气	0.00	0.30	0.00	0.00	0.00	0.00
	景观	0.00	0.30	0.12	0.73	0.00	0.00
	室内装修	0.00	0.30	0.60	0.00	0.00	0.00
	信息	0.00	0.00	0.00	0.29	0.00	0.00
	检测	0.00	0.00	0.00	0.00	1.14	0.00
	评价计算	0.00	0.00	0.60	0.00	1.14	1.08
各目标分值		2.07	2.12	2.50	1.76	2.29	1.51
全生命期覆盖度分值 A		2.01					

绿色建筑“四节一环保”是绿色建筑最重要、最基础的目标。现阶段标准水平下绿色建筑标准体系的目标覆盖度综合分值为 3.87，如表 1-2-2 所示。节地的分值最高，其覆盖度最高，而环境保护、节水和节能的得分较低，说明覆盖度不广，需要进一步拓展丰富。

标准体系的绿色建筑目标覆盖度分值						表 1-2-2
目　标		节地	节能	节水	节材	环保
熵　权		0.24	0.15	0.20	0.27	0.14
得分	0.24	0.15	0.20	0.27	0.14	0.13
	0.71	0.46	0.40	1.10	0.41	0.13
	0.24	0.15	0.20	0.27	0.14	0.13
	0.47	0.62	0.40	0.55	0.41	0.13
	0.24	0.31	0.40	0.27	0.27	0.13
	0.24	0.15	0.20	0.27	0.14	0.13
	0.47	0.31	0.40	0.55	0.41	0.13
	0.47	0.31	0.40	0.55	0.27	0.13
	0.00	0.15	0.00	0.00	0.14	0.13
	0.24	0.15	0.20	0.27	0.14	0.13
	0.71	0.46	0.60	0.82	0.41	0.13
各目标分值		4.01	3.25	3.38	4.95	2.84
全生命期覆盖度分值 A		3.87				

2.3.5 标准编制优先度

覆盖度评价确定了现阶段标准体系的新编和修编方向。然而，面对众多需要修编的标准，还需要对修编标准的顺序做出判定，以提高新编和修编工作的科学性，避免标准内容的重复和矛盾，实现以最少的资源投入获得最大标准化的效果，以合理的标准数量覆盖最大的范围并且提高标准体系的覆盖水平。

本研究引入复杂网络拓扑结构理论，将标准重要性评价转化为网络节点重要性评价，采用剥落排序算法对标准功能团网络的节点重要性进行排序，得到标准的优先度排序，可以科学的指导标准修编工作，按照标准的优先度顺序进行修编可以在最短的时间内提高标准体系的覆盖水平。

2.4 研究创新点

绿色建筑标准体系构建及评价研究是比较新颖的课题，主要的创新点如下：

（1）现行的绿色建筑相关标准在编制的预见性、计划性不强，没有形成一个标准间相互关联的体系。创新之处即是以建筑产品形成过程中的专业分工和建筑全生命期的发展阶段等不同视角，提出从目标、专业和阶段三个维度构建绿色建筑标准体系。

（2）通过建立评价模型，测度各个目标和阶段的单层覆盖度给出现阶段标准覆盖较少的领域。然后，通过标准体系中标准优先度研究，为标准制修订的顺序提供科学、合理的指导。引入复杂网络拓扑结构模型，将优先度研究转化为网络节点重要性评价，通过“剥落”排序算法对节点重要性进行排序，得出制修订标准的优先顺序，有利于快速提高标准体系的覆盖度分值。

2.5 实施应用

本标准体系为绿色建筑标准的制修订奠定了基础，指明了方向。通过标准体系的研究，可以为绿色建筑工作提供重要的技术保障，有利于推进绿色建筑标准体制、管理体制、运行机制的改革，有利于绿色建筑标准化工作的科学管理，有利于满足绿色建筑新技术的应用与推广。标准体系的评价和标准优先度研究提高了各工程标准制订、修订的规范性和方向性。可以实现以最小的资源投入获得最大标准化和最优标准体系的效果，以合理的标准数量覆盖最大的范围，最终形成结构优化、数量合理、层次清楚、分类明确、协调配套、科学开放的有机标准体系。绿色建筑标准体系包括目标层、评价层、实施层、支撑层，应覆盖绿色建筑全生命期。本次共涉及387项标准，其中324项现行标准，需修订25项标准、10项在编标准、新编28项标准，形成覆盖全面、操作性强的绿色建筑标准体系。

为配合《标准体系》的实施，研究单位进一步落实推广绿色建筑评价标准，不断丰富绿色建筑评价体系，构建《绿色建筑评价标准》GB/T 50378为核心的中国绿色建筑评估体系。下一步，将结合“绿色建筑性能后评估标准体系”等“十三五”国家重点研发计划，共同推动我国绿色建筑标准化工作的健康发展。

3 欧盟建筑社会影响评价标准及对我国的启示

北京交通大学 王元丰 周硕文 罗 玮 高铸成

3.1 研究背景

3.1.1 土木工程面临的可持续挑战

1987年世界环境与发展委员会（World Commission on Environment and Development，WCED）在《我们共同的未来》报告中首次提出了可持续发展的思想——既满足当代人的需求又不对满足后代人需求的能力产生危害[1]。可持续发展的目的是促进经济、社会和环境协调的发展模式，一般有“3Ps”（地球 planet，利益 profit，人类 people）和“3Es”（环境 environment，经济 economy，社会 social equity）两种解读[2]。从中都可以看出可持续发展共包括三个组成部分：经济发展、社会发展和环境保护。

建筑在提供人们生产和生活场所，支持社会发展的同时，也消耗大量资源，排放污染物对环境造成不容忽视的影响。有资料显示，全球55%非燃料利用的木材用于建筑业，建筑消耗了45%的能源和50%的水资源，全球23%的空气污染、40%的水污染、40%的固体废弃物污染和50%的温室气体排放都是由建筑造成的[3]。

我国是建筑业大国，建筑业已成为国民经济的支柱产业之一。改革开放以来中国建筑行业经历了一个高速发展的过程，1980年建筑业全年产值为286.93亿元，而到2016年行业总产值则扩张到了193567亿元，占全国国内生产总值的26.01%[4]。目前，我国既有建筑面积达560亿m^2[5]，每年新建房屋面积高达16亿～20亿m^2[6]。我国建筑能耗已占到全国能源消耗总量的30%[7]，如果算上建筑上游的建材产品生产过程中消耗的能耗，建筑能耗将达到45%[8]。与此同时，建筑业每年有80万～100万人就业，2016中国建筑业从业人数达到了5185.24万人[9]，另有5549.69万农民工[10]从事着建筑业工作，这巨大的产值和从业人数使得建筑业对人们生活有着重要影响，但现阶段在建筑行业对经济与技术方面关注较多，近些年由于全社会对可持续发展的重视，建筑可持续评价也有比以往更多的研究与实践，但其中对环境影响较多，对于建筑社会影响几乎还是空白。因此，在此背景下，我国建筑业实施考虑环境和社会影响的可持续发展战略尤为重要。

3.1.2 生命周期评价的发展

量化评估产品全生命周期环境影响的生命周期评价（Life Cycle Assessment，LCA）于20世纪60年代起源于美国，被可口可乐公司用来比较不同饮料瓶的环境影响。经过几十年的发展，目前生命周期评价已经广泛应用于产品系统的选择、甚至地区的环境评价方面。它基于生命周期思想，以定性定量相结合、定量为主的方法对产品或系统的各个生命周期阶段的潜在或现实的环境影响进行评价。然而，伴随着环境系统的复杂性，不能将眼光仅仅停留在环境问题上，生命周期评价有时可能会导致环境、经济和社会问题的失衡[11]。这三部分相互依存且相辅相成，其相互关系见图 1-3-1[12]。

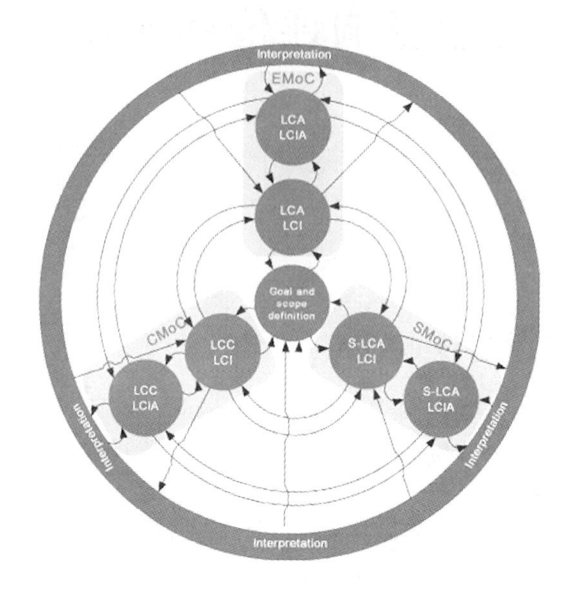

图 1-3-1　可持续发展三维系统图

全生命周期思想在可持续发展的研究上带来了新的宽广视角。近年来，已有两种较成熟的全生命周期评价工具。最著名的理论为环境生命周期评价（Environmental-Life Cycle Assessment，E-LCA）[13]。作为一个评估产品从原料生产到废弃处理（from cradle to grave）的整个过程中对环境影响的工具，E-LCA 可以更详细地记录产品生命周期不同阶段对环境的影响，或获取对环境热点问题的总体概况[14]。另一个评价工具为全生命周期成本（Life Cycle Cost，LCC），这一评价方法主要关注经济活动所产生的直接成本和利润。

然而，E-LCA 和 LCC 并无法全面实现可持续评价所涵盖的内容。为了弥补可持续评价的完整性，针对各项经济活动所产生的社会影响的评价需要提出新评价方法。随着国际环境毒理学和化学学会（Society of Environmental Toxicology and Chemistry，SETAC）的工作报告《全生命周期响评价的概念框架》于 1993 年面世，关于在全生命周期评价（LCA）中如何评价社会影响方面的讨论便开始兴起。在这份报告中，社会福利影响的概念被提出，并被详细阐述为“主要重点应该放在因社会影响而直接或间接导致的环境影响”[13]。该报告所提出的社会影响分录的概念在 LCA 领域的学者中引起了对可持续评价更综合全面的思考。

3.2　社会影响评价的发展

3.2.1　社会影响评价的初步建立

在社会影响评价（Social Impact Assessment，SIA）方面，自 20 世纪 60 年代后期，社会影响评价在美国逐渐开始被应用，主要是在城市建设和一些水利设施项目中，评价内容主要有社会经济、社会环境与生态、社会政治和社会文化等。1975 后，美国扩大了其进行社会影响评价的项目范围，在其对外援助项目中也逐渐实施起来。此时，英国也开始实施项目的社会分析[15]。虽然名称不相同，但是其主要内容和目的都是通过对项目的实施所带来的各种正面的或负面的、有意的或无意的社会影响进行汇总分析。与此同时，国际上的一些重要组织和机构也规定要对项目进行社会评价。1978 年，《工业项目评价手册》在联合国工发组织和阿拉伯国家工业发展中心的共同努力下出台，并设置了收入分配、就业效果、国际竞争力等项目的评价指标[15]。1981 年成立的国际影响评价协会（IA-IA）是促进影响评价的最主要机构，它通过对评价方法的开发以及社区组织的参与等方面的研究促进了社会影响评价的进一步发展应用。1991 年，亚洲发展银行出台了项目的社会分析指南，指出其基本目标是要分清楚项目实施带来的正负面影响；1994 年又对其进行了修订，将项目发展中产生的社会方面的影响结合到其业务发展中[16]。1998 年世界银行出台了《社会评价指南》，指出应对建设项目开展社会影响评价，从而探究项目在达到经济效益的同时所产生的社会效益。2001 年 12 月，亚洲发展银行出台了新的贫困与社会影响分析指南[17]。2003 年美国社会影响评价指导原则跨组织委员会对《社会影响评价原则和指南》进行了评审和修改。同年，国际社会影响评价协会出版了《国际社会影响评价原则与指南》[18]，该指南认为社会影响评价包括分析、监测及管理人为或非人为的社会影响，研究项目的实施过程中产生的有利或者不利影响。

在 20 世纪 80 年代，社会学家提出了参与式的社会评价，从不同群体的参与来分析项目产生的各方面影响，研究预防和解决社会问题的方法和对策。20 世纪 90 年代以来，在经济学、社会学等学科的发展影响下，“以人为本”和“可持续发展观”的观念被人们所接纳，项目的社会影响评价理论也因此得到进一步的开发和推广，进而发展出了生命周期社会影响评价。

3.2.2 生命周期社会影响评价的发展

生命周期社会影响评价（Social Life Cycle Assessment，S-LCA）是一种社会影响评价的工具，该工具旨在评价产品的社会及社会经济方面的影响，包括产品全生命周期中潜在的正面及负面影响[13]。这里所说的全生命周期包含了产品原材料的开采与加工、制造、物流运输、使用与再利用、维护保养及最终的废弃。S-LCA 是环境全生命周期响评价（E-LCA）的另一种类型，侧重对社会影响方面的评估。

S-LCA 与其他社会影响评价方法相比，最大的不同点主要在于其对产品全生命周期的考察。S-LCA 所关注的社会方面的影响主要包括在产品全生命周期中直接对利益相关方产生的正面或负面影响，当研究规模扩大时，有时也需要考虑间接的影响。这些影响与企业的行为、社会经济的进程、社会资本的积累情况相关。

（1）ISO 生命周期社会影响评价的发展

2009 年，联合国环境署（UNEP）和国际环境毒理学和化学学会（SETAC）出版了《产品生命周期社会影响评价指南》（以下简称为《指南》）。《指南》[13]以 ISO14040：2006《生命周期评价——原则与框架》和 ISO14044：2006《生命周期评价——要求与指南》为骨架，提出确定研究目标和范围、清单分析、影响评价及结果解释四个评价步骤，并对每一个步骤都有详细的规定和描述，使得在此之后的实例研究有了充分的参考标准。S-LCA 不仅可以单独使用，也可以与 E-LCA 结合使用，从而充分补充了产品生命周期的社会方面的影响。图 1-3-2[13]给出了 ISO 提出的生命周期评价技术框架，从图中可以看出，由于 S-LCA 是 E-LCA 在社会层面的扩充，因此有着与 E-LCA 相同的技术框架。

在清单分析环节中，《指南》提出了双重社会影响的清单分类，一种是从利益相关方出发，另一种是从影响类型出发。这也为 S-LCA 研究提供了数据库发展和软件设计的基础。作为第一份 S-LCA 研究领域国际组织发布的指导性文件，《指南》的面世意味着 S-LCA 在今后的研究中有导则可依循。

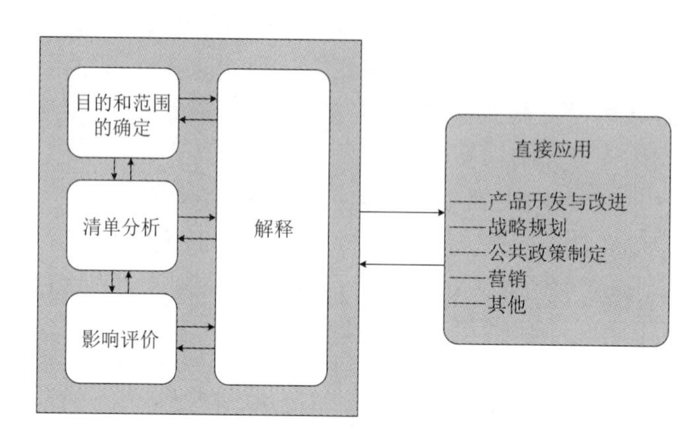

图 1-3-2　ISO 生命周期评价技术框架

2010 年，UNEP/SETAC 提出了 S-LCA 方法论手册，对产品 S-LCA 基于利益相关方的影响分类进行了详细阐述[14]。利益相关方主要包括工人、当地社区、社会、消费者、价值链参与者等方面，影响分类涉及薪资公平、技术发展、公平竞争等 31 个子分类。该方法论手册对每个子分类都进行了严谨的定义，列举了与该项分类相关的国际公约与协定，提出了全人类共同目标和建议性的规定。同时，该文件建议了每个分类应采取何种类型的数据（定量、半定量或定性）进行评价，详细列示了每个分类所需数据的参考数据来源，并给出了不同情况下进行评价可以采用的清单指标。这份文件的提出，对 S-LCA 领域的研究在理论上做了进一步的完善，也为 S-LCA 实际应用提供了一致有效且可靠灵活的帮助，对 S-LCA 的发展有着重要的意义。但是《指南》只是提出了对产品进行 S-LCA 分析的框架，而建筑由着自己的特殊性，不能单纯看成产品。

（2）欧盟建筑生命周期社会影响评价的发展

欧盟的 CET/TC 350 在 2012 年发布了 EN15643-3（Sustainability of construction works —Assessment of buildings Part 3：Framework for the assessment of social performance）[19]，该标准基于 EN15643-1 提出的可持续性能评价框架，对于欧洲建筑评价体系中的社会性能方面进行了初步的设计，对于欧洲建筑可持续评价体系的社会评价方面进行了补充，欧洲建筑可持续评价体系如图 1-3-3[20]所示。欧洲建筑可持续评价体系的社会影响评价主要集中在定量化指标所表现出的建筑特性和影响。主要从以下几个方面对社会性能进行评价：①可进入性；②适用性；③健康和舒适；④周边负荷；⑤维修；⑥安全/安保；⑦物质和服务资源；⑧包含的利益相关者。但同时，EN15643-3 并没有对如何进行建筑评估提供评估方法，也没有对测量性能结果的水平、等级或基准线进行规定，这些方面的确定都建立在客户需要、建筑管理、国家标准和建筑评估认证体系的条件基础之上。评价组织社会特性的规则没有包含在这个框架中。然而，影响评价对象社会性能的决策和行为已经被考虑。[19]

2014 年，CET/TC 350 发布了 EN16309（Sustainability of construction works — Assessment of social performance of buildings — Calculation methodology）[20]，该标准是在原有欧洲建筑可持续规范基础上进行的一个优化，并在考虑建筑功能和技术特性的基础上提供了建筑性能评价的特殊方法和要求，同时该评价体系也是针对定量化指标所表现出的建筑特性和影响，但评价方面进行了修正，主要从以下几个方面进行评价：①可进入性；②适用性；③健康和舒适；④对于周边的影响；⑤维修；⑥安全和安保。与 EN15643-3 相同，EN16309 也没有提出评估方法，在测量性能结果的水平、等级或基准线上也没有进行规定，也是建立在客户需要、建筑管理、国家标准和建筑评估认证体系基础上。但 EN16309 对于以下几个方面给出了要求：①评价对象的描述；②适用于建筑水平的系统边界；③指标列表和应用这些指标的步骤；④在报告和讨论中的结果展示；⑤应用于这个标准所需要的数据；⑥核查。

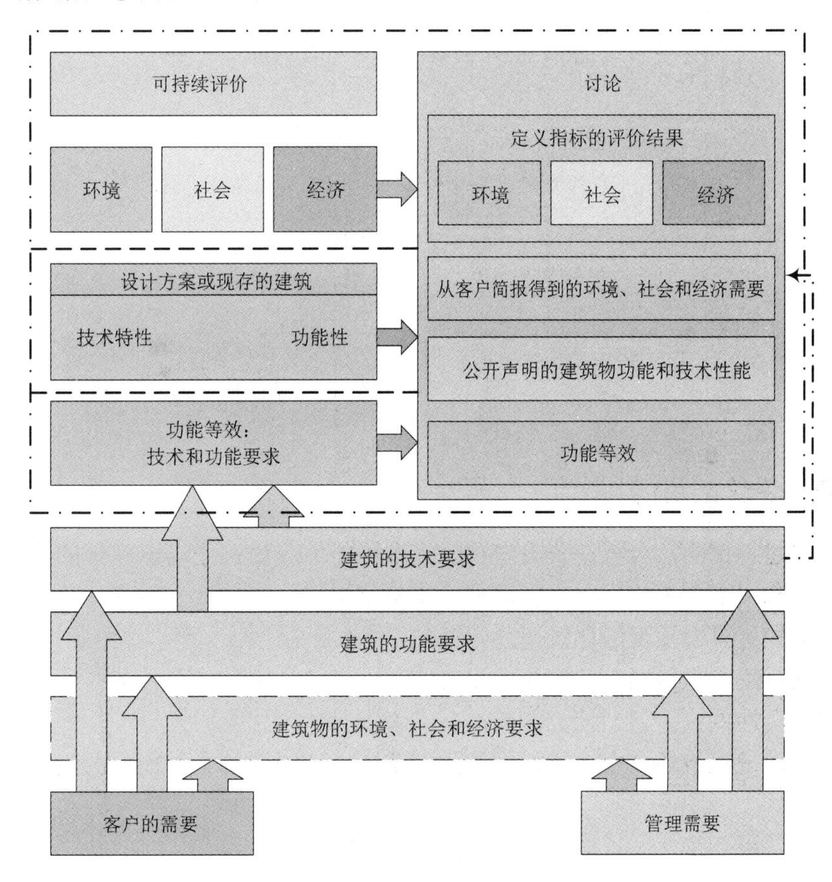

图 1-3-3　欧洲标准中建筑的可持续评价概述[20]

3.3　欧盟建筑社会影响标准的介绍

EN 16309 结合《指南》中提到的 S-LCA 评价方法，提出了一个适用于欧洲建筑社会性能评价的评价框架，评价流程如图 1-3-4[20] 所示。

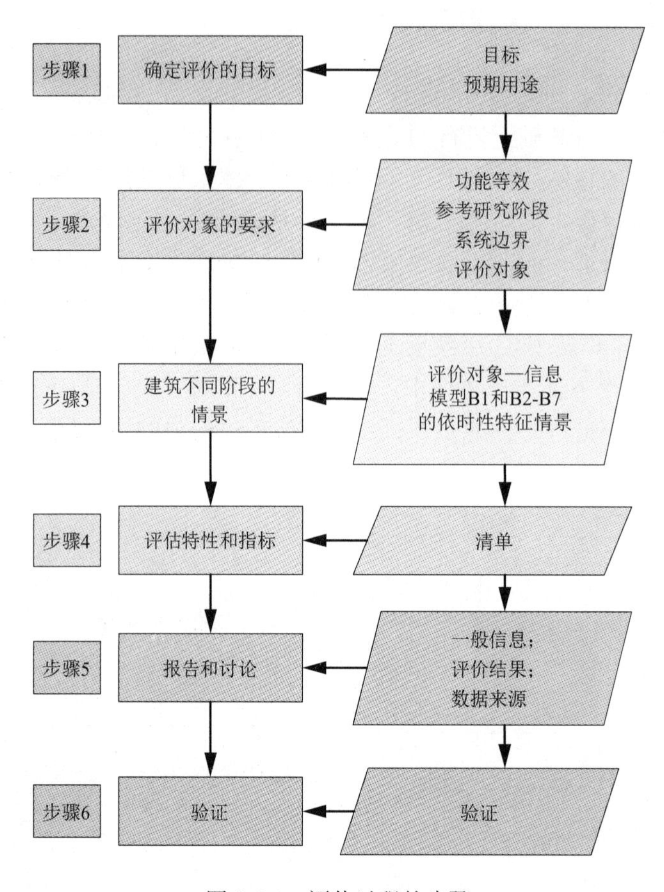

图 1-3-4　评价过程的步骤

3.3.1　确定评价的目的

为了根据建筑物的社会特性来决定它的社会性能，应该首先确定评价的范围和预期用途，并与客户和标准要求相一致。管理和法律要求可能会覆盖社会性能评价的特性。基于社会性能评价的背景，预期的评价用途应该包括：

（1）在决策阶段进行辅助，例如：①对比不同设计选择的社会性能；②对比翻新、重建或新建的社会性能；③识别社会性能提升潜力。

（2）用来记录建筑的社会性能，例如：①鉴定；②说明社会性能；③附加标签；④市场化。

（3）为公共可持续发展提供支撑。

3.3.2　评价对象的要求

评估的对象包括建筑本身、建筑基础、建筑的外部作业（幕墙、外墙等）和其他与建筑使用或翻新相关的临时作业。它主要包括以下几个方面的选取：（1）功能等效（即功能单元）；（2）参考研究阶段；（3）系统边界；（4）评价的建筑模型信息。

3.3.3 建筑不同阶段的情景

为了给出评估对象的完整描述，与时间相关建筑特性需要加入建筑物的实际与社会描述中（例如参考研究时期、使用年限、更换时期、工作时间、使用模式、预期使用、预测的舒适度、趋势等）。在这方面还需要进行研究，而且采用合适的情景来代表那些用于评估对象的建筑模型（或者已知的真实的信息）。情景划分如图 1-3-5[20] 所示。

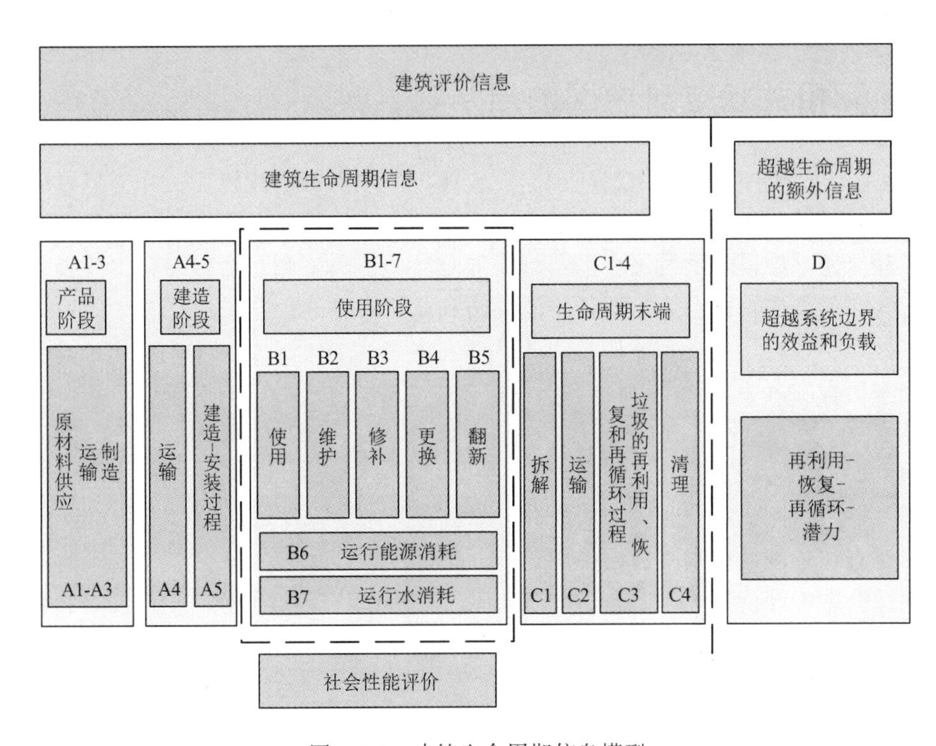

图 1-3-5 建筑生命周期信息模型

3.3.4 评估特性和指标

欧洲建筑社会性能评价是在情景分析的基础上对于欧盟标准中规定的评价指标进行分析，指标包括：(1) 可进入性；(2) 适用性；(3) 健康和舒适；(4) 对于周边的影响；(5) 维修；(6) 安全和安保。建筑信息模型的选取如图 1-3-5 所示。经过情景的选取，便可以进行建筑信息的收集，信息类别的选取主要参照以下几个方面：(1) 评价的范围和预期用途；(2) 在决策阶段何时对评价对象进行评估（草图阶段、最终设计阶段、建设阶段、使用阶段）；(3) 信息的有效性；(4) 在本研究中，与各个特性和特性指标相关的数据的重要性。当收集了符合要求的数据以后，便可以开展该建筑的社会性能评价。

3.3.5 报告和讨论

评价报告应该是对于评价文件的一个系统而详细的整合，它应该包含所有讨论的信息，并为进行第三方审定给出充分的基础信息。在评价报告中应该包含的信息主要有：(1) 评价的一般信息，如：①评价的目的，②评价方法（包含版本与参考），③评价的有效期等；(2) 评价对象的一般信息，如：①功能等效，②参考研究期，③建筑结构类型等；(3) 评价中采用的系统边界和情景；(4) 数据来源；(5) 评价特性清单与结果展示。

3.3.6 结果的验证

为了使评价结果可以公开，应该对于评价结果进行验证。验证应该从以下几个方面进行：(1) 评价目的、系统边界与情景选择的一致性；(2) 采用有明确来源的信息；(3) 应用情景之间的一致性；(4) 对于指标定量化的完整解释。

3.4 国际相关规范对中国的启示

中国是世界最大资源、能源消耗和温室气体排放国，每年新建建筑和交通基础设施的建设量占世界总量很大的比例，而且随着城市化进程的推进和人民生活水平的提高，未来中国建筑和交通基础设施的发展会进一步增加。社会、经济和自然影响是本质地、不可避免地相互关联的。进行社会影响评估，能预防和化解大量的社会矛盾；能大大改善政府行政；能更好地实现科学发展；能体现以人为本的精神；能更有效地创建和谐社会。但是，在中国土木工程发展中，还没有科学的评估方法对工程的社会影响进行评价，仅有少数针对 SIA 进行的研究，而对 S-LCA 只有北京交通大学课题组做过相关基础研究工作，张雨雄对我国大力推动装配式建筑开展了探索，借鉴《指南》，考虑了工人、当地社区、社会和价值链参与者等四个利益相关方，选定了 25 个指标，通过对各类中外权威网站和报告中数据的调查和处理，将国际数据中国化；通过问卷调研，专家打分法建立了工业化建筑生命周期社会影响评价指标体系，对北京市某住宅小区进行了社会影响评价实例分析。如图 1-3-6[11] 所示，张雨雄分别计算了该工程资源、材料、预制构件和建设阶段四个部分的社会影响，参照各部分的成本百分比计算出该工程社会影响最终得分，接着通过对最终得分的拆解分析，考察各利益相关方对社会影响最终得分的贡献度[11]。范磊等基于 S-LCA 方法对中国绿色建筑小区进行了社会和人文需求的评价，经过研究，发现住户愿意为了一个更好的生活环境而适度提高投入，而当地政府对于绿色建筑发展会提供支持[21]。王京京等提出了混凝土结构的可持续性评价模型，并将该模型应用于一座钢筋混凝土桥梁中。该模型不仅包含了经济、社会、环境影响三个方面，同时考虑了结构的功能特性，如可靠度等[22]。孙逸文针对我国粉煤灰混凝土的使用现状，建立了粉煤灰混凝土生命周期社会影响评价模型，并进而建立了粉煤灰混凝土的生命周期可持续评价模型，同时提出生命效率 (Eco-efficiency) 的指标来衡量粉煤灰混凝土的可持续性能，在此基础之上，结合粉煤灰混凝土的抗压强度，对于五组不同掺量粉煤灰进行了案例研究[23]。

与之相对，国际上近年来对于建筑 S-LCA 的研究不断增加，CEN/TC 350 更进行了建筑社会影响标准的编制，详尽规定了开展建筑社会影响评价的原则、方法和程序。建筑工程对国民经济和社会发展有着重要影响，作为可持续评价的三个维度之一，发展建筑工程的社会影响评价是促进中国土木工程可持续发展的一个重要方面，中国特别需要加强相关研究工作。

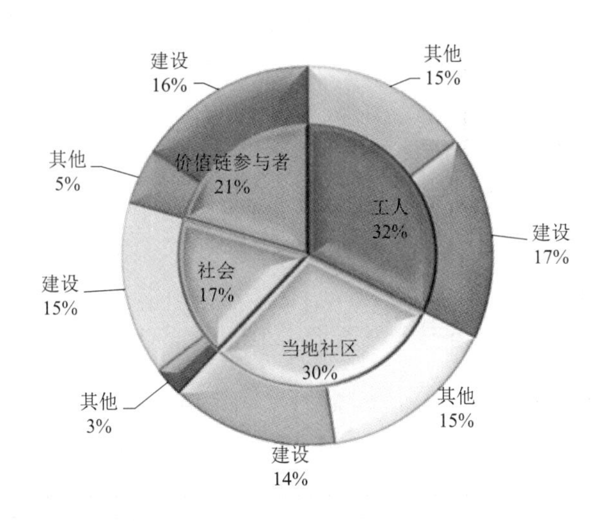

图 1-3-6 社会影响评价最终得分

当前，建筑业面临着工业化，BIM 等技术应用带来信息化发展的重要机遇。随着现代化科技的应用，土木工程带来的社会影响也越来越广。因此，现阶段中国建筑业的发展中应该提高对可持续问题的重视，在建筑全生命周期的材料、设计、施工、运营和拆除各阶段大力发展绿色技术，在建筑工程项目中大力推动全生命周期成本分析（LCC）、环境影响评价（LCA）和社会影响评价（SLCA），进而综合经济、环境和社会因素进行可持续性评价。当前，中国非常有必要借鉴国际先进经验，开展中国的建筑项目和工程对就业、对弱势群体、对减少贫困和犯罪等方面的影响，在工作积累到一定程度时、制定中国的建筑社会影响评价标准，并在实际工程中大力推进应用，促进中国土木工程的可持续发展进入新的阶段。

参考文献

[1] ISO 14044. Environmental Management-Life Cycle Assessment-Requirements and Guidelines [S]. Switzerland：International Organization for Standardization，2006.

[2] Evan A，Leif-Patrick B，Catherine B，et al. Guidelines for Social Life Cycle Assessment of Products [M]. UNEP/Earthprint，2009.

[3] Willmott-dixon Group. The Impacts of Construction and The Built Environment，Briefing Notes [R]. 2010.

[4] 中华人民共和国国家统计局. 2016 年国民经济和社会发展统计公报 [N]. 中国信息报，2017-03-01 (001).

[5] 国家统计局固定资产投资统计司. 中国建筑业统计年鉴 [M]. 北京：中国统计出版社，2016.

[6] 中华人民共和国国家统计局. 中国统计年鉴 2016 [M]. 北京：中国统计出版社，2016.

[7] http：//cpc. people. com. cn/GB/64093/82429/83083/12269367. html.

[8] http：//energy. people. com. cn/dt/GB/13813539. html.

[9] 赵惠珍，倪稞，郭巧洪，等. 2016 年建筑业发展统计分析 [J]. 工程管理学报，2017，31 (03)：1-12.

[10] 国家统计局. 2016 年农民工监测调查报告 [N]. 中国信息报，2017-05-02 (001).

[11] 张雨雄. 工业化建筑生命周期社会影响评价 [D]. 北京交通大学，2016.

[12] Dong Y H，Ng S T. A social life cycle assessment model for building construction in Hong Kong [J].

International Journal of Life Cycle Assessment，2015，20（8）：1166-1180.

[13] Society of Environmental Toxicology and Chemistry，Guidelines for Life-cycle Assessment：A Code of Practice [M]. 1993.

[14] Catherine N. Introducing the UNEP/SETAC methodological sheets for subcategories of social LCA [J]. The International Journal of Life Cycle Assessment，2011，16：682-690.

[15] 联合国工业发展组织. 项目评价准则 [M]. 中国对外翻译出版公司，1984.

[16] Asian Development Bank（ADB）. Guide Line for Social Analysis of Development Projects [M]. Manila：ADB Press 1991.

[17] Asian Development Bank（ADB）. Handbook for Poverty and Social Analysis [M]. A Working Document. 2001（12）.

[18] Interorganizational Committee on Principles and Guidelines for Social Impact Assessment. Principles and guidelines for social impact assessment [J]. Impact Assessment and Project Appraisal，2003，21（3）：231-250.

[19] BS EN 15643-3：2012，Sustainability of Construction Works—Assessment of Buildings Part 3：Framework for the Assessment of Social Performance [S] London：The British Standards Institution，2012.

[20] BS EN 16309：2014＋A1：2014，Sustainability of Construction Works—Assessment of Social Performance of Buildings—Calculation Methodology [S] London：The British Standards Institution，2014.

[21] Fan L，Pang B，Zhang Y，et al. Evaluation for social and humanity demand on green residential districts in China based on SLCA [J]. International Journal of Life Cycle Assessment，2016：1-11.

[22] Wang JJ，Wang YF，et al. Life cycle sustainability assessment of fly ash concrete structures [J]. Renewable & Sustainable Energy，2017 accepted.

[23] 孙逸文. 粉煤灰混凝土生命周期社会影响评价研究 [D]. 北京交通大学，2015.

4 “华夏建设科学技术奖”一等奖项目——《绿色建筑评价标准》GB/T 50378—2014

《绿色建筑评价标准》GB/T 50378—2014 编制组

2017 年 5 月，为表彰有关单位和个人在促进建设实业科学技术进步中做出的突出贡献，华夏建设科学技术奖励委员会授予国家标准《绿色建筑评价标准》GB/T 50378—2014 的主要完成单位和完成人二〇一六年“华夏建设科学技术奖”一等奖。本文介绍了《绿色建筑评价标准》GB/T 50378—2014 获奖的相关情况。

4.1 立项背景

《绿色建筑评价标准》GB/T 50378—2006 是总结我国绿色建筑方面的实践经验和研究成果，借鉴国际先进经验制定的第一部多目标、多层次的绿色建筑综合评价标准。自 2006 年发布实施以来，有效指导了我国绿色建筑实践工作，累计评价绿色建筑标识项目数百个，并已成为我国各级、各类绿色建筑标准研究和编制的重要基础。

随着绿色建筑各项工作的逐步推进，绿色建筑的内涵和外延不断丰富，各行业、各地方、各类别建筑践行绿色理念的需求不断提出，《绿色建筑评价标准》GB/T 50378—2006 已不能完全适应现阶段绿色建筑实践及评价工作的需要，住房和城乡建设部将该标准修订列入《2011 年工程建设标准规范制订、修订计划》（建标〔2011〕17 号）。修订后的国家标准《绿色建筑评价标准》GB/T 50378—2014（以下简称《标准》）由住房和城乡建设部、国家质量监督检验检疫总局于 2014 年 4 月 15 日联合发布。

4.2 主要研究内容及成果

4.2.1 调查研究

开展前期调研，总结标准 2006 年版的实施情况和实践经验，并分析国外相关标准的成熟经验和发展趋势，作为标准修订的参考借鉴。包括：

（1）调研标准 2006 年版的评价方法与条文应用情况。统计分析标准 2006 年版的 115 条一般项和优选项条文在所评价的 57 个绿色建筑评价项目中的参评和达标情况，对比分析标准 2006 年版与《建筑工程绿色施工评价标准》GB/T 50640—2010、《绿色工业建筑评价标准》（国标在编）、《绿色办公建筑评价标准》（国标在编）、《绿色医院建筑评价标准》（协会标准在编）4 部同类标准和 13 部绿色建筑评价地方标准（或细则）的异同和特点。

（2）调研对标准2006年版的修订意见建议。面向社会公开征集得到修订意见建议7份48条，检索科技文献15篇整理得到修订意见建议77条，收集绿色建筑标识评价工作中的专家评审意见。

（3）调研国外新发布实施的绿色建筑评估体系，包括美国LEED（更新v4版）、英国BREEAM（新发布2011年版）、日本CASBEE、德国DGNB等，重点分析其评价指标和评价方法。

4.2.2 基础性研究

开展通用性、基础性研究，确定标准修订目标、基本原则、技术框架和编写体例，作为开展标准修订具体工作的纲领。

（1）提出标准修订目标。运用逻辑框架法（LFA）进行标准的利益相关者分析、问题分析、目标分析、对策分析，确定扩展评价对象、覆盖建筑工程主要阶段、注重量化评价、鼓励提高和创新等标准修订目标，制订具体对策措施。

（2）细化量化评价方式。在各评价技术内容层面，考虑到技术基础现状和可操作性，确定定量和定性评价相结合的原则；在评价结果层面，确定对各评价条文评分、并计算总分来表示绿色建筑评价结果。此外，研判评价技术内容完全适用于所有参评建筑的可能性，对于特定评价技术内容不适用于特定建筑（即不参评）的客观实际，提出用参评内容的实际得分除以参评内容的实际满分的得分率作为折算得分的处理方式。

（3）完成评价指标体系框架顶层设计。确定坚持中国特色的绿色建筑“四节一环保”核心内容暨评价指标大类；在此基础上建立若干具体专业或方向，形成评价指标大类与具体评价指标（即条文）之间的中间层（即指标小类），明晰评价指标体系划分逻辑。此外，将控制项、评分项、加分项的属性嵌入评价指标体系中。

（4）确定评价层次和技术依据。梳理有关法规规章和技术标准（工程建设标准和产品标准），提出相关评价技术内容与这些标准要求的合理衔接和/或提升的方法，包括：引用标准强制性条文作为各类控制项要求，保证绿色建筑基本性能；引用推荐性标准内容或在此基础上进一步提高要求作为评分项内容（还包括加分项），引导绿色建筑性能的进一步提升。

（5）规定评价技术条文和条文说明的编写体例。对于评分项和加分项的评价技术条文正文，规定了“原则＋分值＋规则”三部分内容的体例，规则部分又统一设定了单一式、递进式、并列式、总分式4类评价计分方式，形成系统的分值分配和累计规则；对于所有评价技术条文的条文说明，均要求按本条适用范围、条文意图释义、具体评价方式“三段式”编写，作为评价工作具体实施的支撑。

4.2.3 《标准》研究编制

《标准》共分11章，主要技术内容是：总则、术语、基本规定、节地与室外环境、节能与能源利用、节水与水资源利用、节材与材料资源利用、室内环境质量、施工管理、运营管理、提高与创新。其中第4～11章为评价技术章，共设评价技术条文138条（控制项30条、评分项96条、加分项12条）。在前期研究基础上，与评价技术条文编写工作同步，还开展了针对多项具体评价技术的专题研究。在《标准》稿件完成公开征求意见后，收到和处理反馈意见建议 181 份共 1673 条。《标准》于 2013 年 7 月报批，提前完成《绿色建筑行动方案》（国办发〔2013〕1 号）提出的“2013 年完成《绿色建筑评价标准》的修订工作”要求。《标准》内容的分章具体介绍参见《建设科技》2015 年第 4 期《绿色建筑评价标准》专刊。

4.2.4 项目试评

在《标准》开始公开征求意见的同时，依据《标准》征求意见稿开展项目试评工作。项目数量初始为 28 个，后经增补达 75 个，均为依据标准 2006 年版通过评价的绿色建筑标识项目。试评项目的选择遍及全国，且充分考虑了不同热工分区、建筑类型、绿色建筑星级和标识类型，还纳入超高层、综合体等特殊类型的绿色建筑项目。

在《标准》正式报批之前，还以 50 个参加试评项目按前述工作内容进行复核检验，进一步验证《标准》的可操作性和目标实现情况。

试评工作成果，不仅帮助合理确定了各星级绿色建筑得分要求和各类评价指标权重，还发现了评价技术条文在适用范围（包括建筑类型、评价阶段等）、具体评价方法、技术要求难度等方面存在的问题，对增强标准的可操作性和适用性，及技术指标的科学合理性和因地制宜性都起到了重要作用。

4.2.5 《标准》支撑文件编制和工具开发

（1）在住房和城乡建设部 2013 年科学技术项目计划“绿色建筑评价技术细则与标识管理办法研究”（建科函〔2013〕103 号）的同时支持下，依据《标准》编制与其配合使用的《绿色建筑评价技术细则》（以下简称《细则》），为绿色建筑评价工作提供更为具体的技术指导。《细则》重点细化《标准》评价技术条文内容和评价工作要求，汇总相关标准规范的规定，总结评审时的文件要求、审查要点和注意事项等，梳理《标准》评价指标体系及分值。《细则》还特别补充了建筑群、综合性单体建筑计分等特殊情况的具体处理方式。

（2）为便于《标准》实施使用，开发《绿色建筑设计标识申报自评估报告（模板）》，不仅汇总项目评价概况及各章评价技术条文评价结果，还为各评价技术条文设定自评结果、评价要点、证明材料等项具体内容。此文件已被《细则》附带光盘收录。

（3）为便于快速折算各评价技术章得分及总得分，开发基于 Microsoft Excel 软件的“评价工具表”。此文件已被《细则》附带光盘收录。

（4）依据《标准》和《细则》，基于《绿色建筑设计标识申报自评估报告（模板）》、评价工具表等成果，进一步开发《绿色建筑评价软件》（计算机软件著作权登记号 2014SR176761）。软件采用 BIM 建模理念，基于 BIM 平台开发，实现了与上游建模、中游模拟、下游评审三方软件的数据衔接；内置的知识库、案例库、产品库等相关核心数据库，可为用户了解绿色建筑、查找同类项目信息、选取典型技术方案和配套产品提供有效信息支持。

（5）翻译《标准》英文版，即将由住房和城乡建设部、中国工程建设标准化协会组织中国计划出版社出版发行。

（6）《标准》研究编制同期和之后，主要完成人员共发表相关论文 33 篇（其中，SCI、

EI、ISTP收录的论文2篇）。

4.3 主要创新点

（1）运用逻辑框架法（LFA）进行利益相关者分析、问题分析、目标分析、对策分析，确定《标准》修订目标及相应的对策措施。

（2）建立兼具建筑类型通用性和可操作性的评价技术体系，《标准》适用范围由2006年版的住宅建筑和公共建筑中的办公建筑、商场建筑和旅馆建筑扩展至民用建筑各主要类型，首次实现绿色建筑评价在民用建筑类型上的全覆盖。

（3）首次系统建立包括3个层级和3类分项属性的绿色建筑评价指标体系，实现建筑全生命期全覆盖，完善我国绿色建筑“四节一环保”理念和要求。其中，第一层级的指标大类在2006年版的“四节一环保”和运营基础上增加“施工管理”，同时考虑建设阶段和绿色性能；第二层级的指标小类在指标大类之下按不同专业方向类聚多个具体评价指标，逻辑合理、条理清晰，便于不同专业人士使用；第三层级的各具体评价指标均对应3类分项属性（控制项、评分项、加分项）中的一类或多类，既反映绿色建筑对不同技术的基本要求和针对性引导，也鼓励绿色建筑在同一技术性能上的进一步提高。

（4）建立具有兼容性、开放性的量化评价方法，实现与国际接轨。同时，提出以参评内容得分率作为折算得分的分值计算方式，灵活处理特定评价技术内容不适用于特定建筑（即不参评）的客观实际问题。

（5）综合统筹绿色建筑性能评价要求，对绿色建筑评分定级采用控制项、指标大类最低得分、总得分的“三重控制”，防止绿色建筑性能的“短板效应”。

（6）建立绿色建筑“设计评价”和“运行评价”的差异化评价方式方法。不仅对于同一评价技术条文分别明确两个评价阶段的评价目标和评价要求；还分别设置评价条文，既评价设计工况下系统和设备的能源资源利用效率，也评价实际运行中支持“行为绿色”的技术措施。

（7）建立基于性能化要求并辅以技术措施要求的评价方法。在条文之间的评价指标设置和具体条文内的评价方式两个层面，同时提供措施性和性能化两种途径，定性和定量评价相结合，兼顾客观性和可操作性。

（8）提出多功能单体综合建筑评价方法，要求逐条对建筑适用区域进行评价，有效解决评价工作难题。

（9）建立标准化编写体例和记分规则，增强《标准》的易理解性和可操作性。规定评分项和加分项条文的“原则＋分值＋规则”体例，并统一为单一式、递进式、并列式、总分式等4类评价计分规则。

（10）积极引导符合我国绿色建筑发展方向的新技术、新材料应用。例如雨水调蓄、高强钢筋、建筑形体规则、预制构件、建筑信息模型（BIM）、碳排放等。

4.4 综合评价

《标准》审查委员会认为：《标准》评价对象范围得到扩展，评价阶段更加明确；评价方法更加科学合理；评价指标体系完善，克服了编制中较大的难度，且充分考虑了我国国情，具有创新性。《标准》架构合理、内容充实，技术指标科学合理，符合国情，可操作性和适用性强，总体上标准编制达到国际先进水平。《标准》的实施将对促进我国绿色建筑发展发挥重要作用。

（1）评价对象范围扩展，评价阶段更加明确。《标准》适用范围已扩展至民用建筑各主要类型，兼具通用性和可操作性，更好地满足了各行业、各地方、各类别建筑践行绿色理念的需求，可以作为研究编制其他绿色建筑标准的基础。此外，《标准》还对设计阶段和运行阶段的评价作了明确区分。评价条文在建筑类型和评价阶段上均具有全局适用性。

（2）评价方法更加科学合理，并实现了与国际同步。《标准》采用量化评价方法，更加客观、精细、直观地反映绿色建筑性能，也符合当今世界绿色建筑评价结果定量化的整体形势。但在评分结果的具体处理和表达上，并未照搬美国 LEED 等的各项得分相加得总分的百分制，而是以指标大类得分及权重系数折算加权总得分，更能体现评价指标之间的相对重要程度，也更有利于评价指标体系的扩展和调整。

（3）评价指标更加系统完善，充分考虑了我国国情。《标准》分别以章、节下的次分组单元、条文体现三个层级的评价指标：指标大类为“四节一环保＋施工＋运营”，既体现我国绿色建筑核心内容，又实现对建筑全生命期的全覆盖，还突出了我国重视“节约”的特色；指标小类基本按专业或方向类聚具体评价指标，更显逻辑性、系统性，也便于不同专业人士查找；具体指标共 138 条、129 项，不仅较标准 2006 年版（115 条）有所增加，而且也明显多于英国 BREEAM（49 项）、美国 LEED（69 项）、日本 CASBEE（52 项）等其他绿色建筑评估体系，指标体系更加全面。其他国家中仅日本 CASBEE 也是三级指标。

4.5 实施应用

2015 年，中共中央、国务院《关于加快推进生态文明建设的意见》将“绿色化”与“新四化”并列，强调“五化”协同推进，并将大力发展绿色建筑作为大力推进绿色城镇化的具体要求。“绿色”既是中共十八届五中全会提出的五大发展理念之一，也是《中共中央国务院关于进一步加强城市规划建设管理工作的若干意见》新确定的我国建筑方针之一。绿色建筑是建筑行业落实五大发展理念、绿色城镇化、建筑八字方针等中央要求的必然选择，也是实现自身转型升级的重要途径。《标准》不仅为实现《绿色建筑行动方案》的主要目标提供有力支撑，更将对绿色建筑持续健康发展、生态文明建设发挥重要作用。《标准》自 2015 年 1 月 1 日起实施，用于全国范围的绿色民用建筑评价，在绿色建筑评审、宣贯培训、相关标准编制、印刷发行等方面的实施效果良好。

（1）绿色建筑评审。住房城乡建设部在《关于绿色建筑评价标识管理有关工作的通知》（建办科〔2015〕53 号）中明确要求各评价机构在具体评价工作中应严格按《标准》进行评价。国家层面的绿色建筑评价机构——住房和城乡建设部科技发展促进中心、中国城市科学研究会均已将《标准》作为开展评价工作的主要评价依据；一些地方评价机构也将《标准》作为主要评价依据。截至《标准》报奖时短短一年多的实施时间内，仅住房和城乡建设部科技发展促进中心、中国城市科学研究会两家机构依据《标准》完成评审的绿色建筑标识项目就已达 60 项左右。

（2）宣贯培训。《标准》列入了 2014、2015 年度的工程建设标准培训计划和住房和城乡建设部机关培训计划，《标准》主编单位中国建筑科学研究院自 2014 年 12 月承办住房和城乡建设部建筑节能与科技司、标准定额司联合主办的首期标准培训班至《标准》报奖时，已组织标准宣贯培训 16 期，累计培训达 3717 人次。中国绿色建筑委员会以及各地方机构也组织了规模较大的宣贯培训班。

（3）相关标准编制。《标准》还对同类国家标准和地方标准的编制起到了指导性和基础性作用。《标准》的评价方法和评价指标体系还可见于《绿色商店建筑评价标准》GB/T 51100—2015、《绿色医院建筑评价标准》GB/T 51153—2015、《绿色博览建筑评价标准》GB/T 51148—2016、《绿色饭店建筑评价标准》GB/T 51165—2016 及逾十部地方标准，既有助于各特定建筑类型的绿色建筑评价标准之间的协调，也有助于相关国标、地标共同形成一个相对统一的绿色建筑评价体系。国家和部分地方的绿色建筑施工图设计文件技术审查要点、验收要求（标准）等，也均依照《标准》编制。

（4）印刷发行。截至申报奖项时，《标准》已累计印刷 6 次共计 9 万册，在同类标准规范中位居前列；《细则》由住房城乡建设部印发（建科〔2015〕108 号），明确要求以其作为绿色建筑评价的技术原则和评判依据，并用来规范绿色建筑评价工作，还已于 2015 年 9 月由中国建筑工业出版社正式出版（ISBN 978-7-112-18379-1），累计印刷 1. 2 万册，取得了良好的社会反响。

第二篇　标准与规范

1 《绿色建筑运行维护技术规范》JGJ/T 391—2016

中国建筑科学研究院　路宾　曹勇　魏景姝

1.1 编制背景

1.1.1 编制背景

2006年，《绿色建筑评价标准》GB/T 50378—2006的颁布实施宣告我国建筑市场进入绿色化时代。2013年，《绿色建筑行动方案》正式吹响了绿色建筑加速发展的号角，指出："十二五"期间，我国完成新建绿色建筑10亿m^2；2015年末20%的城镇新建建筑达到绿色建筑标准要求；2020年30%新建建筑达到绿色建筑要求。

然而，在这一宏伟的战略目标及发展机遇面前，绿色建筑的发展面临着巨大的挑战，2013年的第九届国际绿色建筑和建筑节能大会指出"中国的绿色建筑虽然起步晚，但是发展速度很快，数量每年翻近一番。但是另一方面，绿色建筑当前存在三大问题：一是高成本绿色建筑技术实施不理想，二是绿色物业脱节，三是20%常用绿色建筑技术在应用过程中存有缺陷，运行不合理。"

因此，开展绿色建筑运行维护技术的研究，具有极强的时效性和必要性。国家层面通过制定出台政策的方式高度重视绿色建筑的高效运行问题。国务院发布的《国务院办公厅关于转发发展改革委住房城乡建设部绿色建筑行动方案的通知》中指出："尽快制（修）订绿色建筑相关工程建设、运营管理、能源管理体系等标准"；财政部和住建部联合发布的《关于加快推动我国绿色建筑发展的实施意见》中指出："尽快完善绿色建筑标准体系，制（修）订绿色建筑规划、设计、施工、验收、运行管理及相关产品标准、规程"；住房城乡建设部发布的《"十二五"绿色建筑和绿色生态城区发展规划》中指出："注重运行管理，确保绿色建筑综合效益"。

在此背景下，住房和城乡建设部于2013年底发布《2014年工程建设标准制订、修订计划》，由中国建筑科学研究院会同有关单位研究编制行业标准《绿色建筑运行维护技术规范》（以下简称《规范》）。

1.1.2 前期调研

（1）国内外相关标准调研

经国内外文献调研发现，在建筑全生命期过程中，设计、施工、验收、评价等各标准体系较为完善，但是建筑运行维护技术标准体系缺失，仅有具体设备或系统的运行维护标准，例如：国内的专业标准：《空调通风系统运行管理规范》GB 50365、《空气调节系统经济运行》GB/T 17981、《城镇燃气设施运行、维护和检修及安全技术规程》CJJ 51、《城镇供水厂运行、维护及安全技术规程》CJJ 58、《生活垃圾卫生填埋场运行维护技术规程》CJJ 93、《生活垃圾转运站运行维护技术规程》CJJ 109 等；国外的学会协会标准：《Code for operation and maintenance of nuclear power plants》ASME、《Guide for commissioning，operation and maintenance of hydraulic turbines》等；相关其他行业的运行标准：《燃煤电厂环保设施运行状况评价技术规范》DL/T 362、《电力调度自动化运行管理规程》DL/T 516、《核电厂运行绩效评价准则》等。

（2）实际项目调研

编制组对已经投入竣工或投入运营一定时间后的典型性绿色建筑标识项目开展了针对性的现场调研工作，按照不同气候分区、建筑类型、绿色建筑星级等精选了 30 个调研样本，对项目的绿色建筑技术施工落实情况、绿色建筑基本运营状况进行了全面的评估分析。调研结果显示：约 65％的绿色技术运行效果良好，能够达到设计目标要求，约 35％的绿色技术存在严重问题，运行效果欠佳。因此，现有绿色建筑不仅需要强化技术方案的合理性，还需要加强运营期间各项绿色技术运行维护的管理。

1.2 编制工作

（1）《规范》编制专家研讨会于 2014 年 1 月在北京召开。以“编制背景—编制基础—难点—标准结构—编制讨论”为主线进行汇报，最后专家对规范定位及形成的标准框架进行讨论，最终形成“按照运行维护过程框架进行标准内容编制，指标体系中的二级指标按专业进行划分”新版大纲。

（2）《规范》编制组成立暨第一次工作会议于 2014 年 3 月 26 日在北京召开。会议讨论并确定了《规范》的定位、适用范围、编制重点和难点、编制框架、任务分工、进度计划等，重点根据《规范》初稿讨论编制章节应考虑的因素。

（3）《规范》编制组第二次工作会议于 2014 年 7 月 8 日在湖州长兴召开。会议讨论了各章节的总体情况，进一步讨论了《规范》的使用对象、适用范围、技术重点和逐条技术内容等方面内容。会议还特别邀请了日本 UR 都市机构细谷清先生与编制组交流了 UR 都市机构运行维护经验、生态城指标体系、建筑物环境计划书和节能性能评价等方面内容。

（4）《规范》编制组第三次工作会议于 2014 年 10 月 16 日在湖南长沙召开。会议对《规范》初稿条文进行逐条交流与讨论，明确标准涵盖的过程为竣工验收后的系统综合效能调适及运行维护，条文编写过程中尽量采用专业化术语“应宜可”。确定附录评价指标体系、《绿色建筑运行维护技术指南》书稿事宜。会后各章节主笔人再次梳理系统调适与交付、运行技术、维护技术体系，形成了《规范》征求意见稿初稿。

（5）《规范》编制组第四次工作会议于 2015 年 3 月 26 日在中国建筑科学研究院环能院超低能耗示范楼召开。会议针对《规范》征求意见稿的反馈意见进行逐条交流与回复，同时提出相关的修改意见，并预定于 4 月底形成《规范》送审稿。

(6)《规范》送审稿审查会议于 2015 年 6 月 30 日在中国建筑科学研究院环能院超低能耗示范楼召开。审查专家委员会对《规范》送审稿进行了逐条审查，审查专家委员一致同意《规范》通过审查，建议编制组按照专家委员会提出的意见和建议进行修改。

(7)《规范》报批稿讨论会于 2015 年 9 月 21 日在中国建筑科学研究院环能院超低能耗示范楼召开。针对送审会专家提出的意见逐条进行了研究和讨论，并形成一致意见，共计 32 条，其中采纳 30 条，不采纳 2 条。最终在编制组全体成员的共同努力下，于 2015 年 11 月完成了《绿色建筑运行维护技术规范》报批稿。

1.3 主要技术内容

《规范》共包括 8 章，前 3 章分别是总则、术语和基本规定；第 4～7 章分别是综合效能调适和交付、运行技术、维护技术、规章制度；第 8 章是附录。下面将按照章节分别简要介绍《规范》内容。

1.3.1 第 1～3 章 总则、术语和基本规定

第 1 章总则由 4 条条文组成，对《规范》的编制目的、适用范围、技术选用及执行原则进行了规定。其中，在适用范围中指出，本《规范》适用于新建、扩建和改建的民用建筑的运行维护。

第 2 章定义了可再生能源建筑应用系统的能效测评、调试、综合效能调适、室内空气质量参数、颗粒物（$PM_{2.5}$）、无成本/低成本运行措施、建筑能源管理系统、建筑再调适 8 个关键术语。

第 3 章概述了绿色建筑运行维护实施的内容、基本要求和方法的基本规定。

1.3.2 第 4 章 综合效能调试和交付

该章主要包含："一般规定" 3 项内容，"综合效能调试过程" 6 项内容总计 70 分，"交付" 3 项内容总计 30 分。

"一般规定"中要求：绿色建筑的建筑设备系统应进行综合效能调适；综合效能调适应包括夏季工况、冬季工况以及过渡季节工况的调适和性能验证；综合效能调适计划应包括各参与方的职责、调适流程、调适内容、工作范围、调适人员、时间计划及相关配合事宜。"综合效能调试过程"中涉及综合效能调适过程及内容、平衡调试验证及要求、自控系统的控制功能、主要设备实际性能测试及必要时的整改、综合效果验收内容及要求、综合效能调试报告要求等。"交付"中规定：建设单位应在综合效果验收合格后向运行维护管理单位进行正式交付，并应向运行维护管理单位移交综合效能调适资料；建筑系统交付时，应对运行管理人员进行培训；建设单位应向运行维护管理单位移交综合效能调适资料。

1.3.3 第 5 章 运行技术

该章主要包含："一般规定" 6 项内容，"暖通空调系统" 12 项内容总计 28 分，"给排水系统" 8 项内容总计 14 分，"电气与控制系统" 8 项内容总计 20 分，"可再生能源系统"

8 项内容总计 13 分，“建筑室内外环境”5 项内容总计 15 分，“监测与能源系统”4 项内容总计 10 分。

“一般规定”中要求：建筑全过程技术文件和建筑设备运行管理记录齐全，污染物排放及收集处理满足国家现行标准要求，能源系统应按分类、分区、分项计量数据进行管理，建筑设备系统宜采用无成本/低成本运行措施，建筑再调适计划应根据建筑负荷和设备系统的实际运行情况适时制定。“暖通空调系统”中涉及室内温度运行设置、新风量控制、机组运行及控制、空调系统过渡季、部分负荷运行及变频控制、水力平衡及风平衡保证、冷却塔出水温度控制、建筑微正压运行和建筑夜间蓄冷等内容。“给排水系统”涉及保证水系统平衡、用水点供水压力、用水计量装置、节水灌溉系统、雨水控制及利用、景观水系统非传统水源利用、冷却塔补水量记录及分析、循环冷却水系统节水措施运行及非传统水源补充等符合规范要求。“电气与控制系统”涉及变压器、配电系统、容量大、负荷平稳且长期连续运行的用电设备、谐波治理、室内照明系统、蓄能装置、电梯系统、暖通空调设备等节能运行及控制。“可再生能源系统”包括可再生能源系统优先运行、系统运行前现场检测与能效测评、太阳能集热系统过热保护功能及冬季运行前防冻措施检查、地源热泵系统地源侧温度监测分析等内容。“建筑室内外环境”对空调通风系统新风引入口、公共建筑局部补风设备或系统及室内外吸烟区、垃圾管理和空气净化装置提出了规定。“监测与能源系统”包含建筑能源监测、管理系统及设备、公共建筑能源审计的相关要求。

1.3.4 第 6 章 维护技术

该章主要包含：“一般规定”6 项内容，“设备及系统”15 项内容总计 65 分，“绿化及景观”4 项内容总计 14 分，“围护结构与材料”3 项内容总计 21 分。

“一般规定”限定了建筑维护保养、设备维护保养及维修、本地建筑材料的相关内容。“设备及系统”对暖通空调系统、给排水系统、建筑电气系统提出了细致的检查、维护、维修和保养的要求。“绿化及景观”包含绿化管理制度、景观绿化维护管理、绿化区无公害病虫害防治技术及日常养护的相关内容。“围护结构与材料”主要通过建筑围护结构及材料的热工性能、安全耐久性及环保体现绿色运行维护的特征。

1.3.5 第 7 章 规章制度

该章主要包含：“一般规定”5 项内容，“运行制度”2 项内容总计 50 分，“维护制度”3 项内容总计 50 分。

“一般规定”中对运行维护管理单位接管验收流程、运行维护操作规程及管理制度制定、绿色教育宣传、绿色设施使用、管理档案建立等提出了强制性要求。“运行制度”及“维护制度”主要包含废水、废气、固态废弃物及危险物品、绿化、环保及垃圾处理、物业设备设施的操作及维护保养等相关管理制度的得分要求。

1.3.6 第 8 章 附录 A 绿色建筑运行维护评价

《规范》中绿色建筑运行维护评价指标体系分为三级指标，一级由综合效能调适与交付、运行技术、维护技术、规章制度四类指标组成；二级指标为一般规定和评分项；三级指标为具体的条文。

各类指标的评分项总分均为100分，四类指标各自的评分项得分 Q_1、Q_2、Q_3、Q_4 按参评该类指标的评分项实际得分值除以适用于该建筑的评分项总分值计算（由于部分技术建筑未采用，评价指标体系中的三级指标可不参评）再乘以100分计算。

绿色建筑运行维护管理评价的总得分可按下式进行计算，其中评价指标体系4类指标的评分项的权重 $w_1 \sim w_4$ 按表2-1-1取值。

$$\Sigma Q = w_1 Q_1 + w_2 Q_2 + w_3 Q_3 + w_4 Q_4$$

绿色建筑运行维护管理各类指标的权重　　表2-1-1

指标	综合效能调适与交付 w_1	运行技术 w_2	维护技术 w_3	规章制度管理 w_4
权重	0.20	0.50	0.20	0.10

根据评价得分，评定结果可分成三个等级，水平由低到高依次划分为1A（A）、2A（AA）和3A（AAA）级，对应的分数分别为50分、60分和80分。

1.4　关键技术及创新

1.4.1　主要技术难点

（1）综合效能调适技术体系与现有标准规范的衔接技术问题

综合效能调适技术体系是运行管理的基础，如何在现有国家规范体系的条件下，将先进的调适技术体系融合在运行管理体系中是本课题的难点。

（2）不同气候区、建筑功能在建筑运行管理方面的差异性问题

不同的气候区域和建筑功能在运行过程中节能、节水、园林、垃圾及环境等方面的优化及管理的侧重点及差异性是不同的，如何确定制定有针对性的技术措施，如何解决规范所列技术规定与物业管理现状的匹配性，也是《规范》编制的重点和难点。

（3）绿色建筑运行管理监测系统的指标建立问题

绿色建筑运行过程中涉及多个运行参数和评价指标，如何根据监测系统的监测指标的完整性和可实施性确定合理的监测指标，从而为绿色监测管理制度提供可靠支撑，也是本《规范》的一个难点。绿色建筑技术措施与物业管理运行技术的关联性及显著性问题：如何理清绿色建筑技术措施的效果发挥及维持与物业管理技术措施之间的关联性及显著性，抓住影响绿色效果的主要关键性因素是本课题的研究关键重点和难点。

1.4.2　主要创新点

（1）首次构建了绿色建筑综合效能调适体系，确保建筑系统实现动态负荷工况运行和用户实际使用功能的要求。解决了我国传统的工程建设过程中设备、电气、控制专业结合的分界面上经常出现脱节、管理混乱、联合调试相互扯皮，调试困难的瓶颈问题。

（2）基于低成本和无成本运行维护管理技术，规定了绿色建筑运行维护的关键技术和执行要点。首次归纳总结了百项无成本低成本绿色运行技术，从建筑能耗数据收集及分析、优化系统及设备使用时间、暖通空调系统节能、照明系统节能、室内室外空气管理、用户服务与管理等方面给出具体的解决方法。为绿色建筑实现真正绿色化运行维护提供技

术操作支撑。

（3）建立了绿色建筑运行管理评价指标体系，使建筑的运行不断优化，实现绿色建筑设计的目标。编制组的研究成果将进一步提升我国绿色建筑的发展，促进绿色建筑技术优化运行，对我国城镇化进程的可持续发展产生重要作用。

专家审查委员会一致认为，《规范》内容全面、技术指标合理，符合国情，具有科学性、先进性、协调性和可操作性，总体上达到了国内领先水平。

1.5 实施应用

住房城乡建设部于2016年12月15日发布第1393号公告，批准《绿色建筑运行维护技术规范》（以下简称《规范》）为行业标准，编号为JGJ/T 391—2016，自2017年6月1日起实施。

《规范》的实施将进一步提升我国绿色建筑的发展，促进绿色建筑技术优化运行，对我国城镇化进程的可持续发展产生重要作用。我国每年新增城镇建筑约20亿m^2，按照20%的城镇新建建筑达到绿色建筑标准要求，每年将有4亿m^2建筑成为绿色建筑，如此大量的绿色建筑实施，环境效益明显。

《规范》实施后，编制组将对本《规范》及国外的相关规范的执行进行跟踪，积累相关技术经验，以便于今后的修订和完善工作的继续，并且通过《规范》的制定和实施，推动相关行业标准和产品标准的完善。此外，《规范》编制过程中发现我国建筑全生命期中的建筑运行阶段相关标准规范研究工作薄弱，对于运行维护阶段需要给予足够的重视，加大投入运行维护阶段的标准研究工作，促进技术标准科学性，保障其可持续发展。

为配合《规范》的实施，主编单位还组织编写了《〈绿色建筑运行维护技术规范〉实施指南》（即将由中国建筑工业出版社出版）、《行业标准〈绿色建筑运行维护技术规范〉绩效评价报告》、《〈绿色建筑运行维护技术规范〉研究报告》等相关技术文件；发表了《谈绿色建筑运行维护标准及低成本运行技术》、《我国绿色建筑运行维护存在的问题及对策》等文章；开发了《冷水机组冷凝器污垢热阻报警系统（简称：冷水机组报警系统）V1.0》（软件著作登记号2014SR061247）、《绿色建筑现场检测评价软件》（软件著作登记号2014SR118889）等配套软件。

2 《既有建筑绿色改造技术规程》T/CECS 465—2017

中国建筑科学研究院　王清勤　赵力　朱荣鑫

2.1 编制背景

2.1.1 背景和目的

改革开放以来，我国城乡建筑业发展迅速。截至2015年，既有建筑面积已经接近600亿m^2，我国累计评价绿色建筑项目3979个，总建筑面积超过4.6亿m^2，绿色建筑面积占总建筑面积比例不足0.7%；其中有61个项目通过既有建筑改造而获得绿色建筑标识，总建筑面积约为307万m^2，占所有绿色建筑面积的比例不足0.7%。我国绿色建筑的发展多集中于新建建筑，但是数量和发展速度还远远不能满足我国现阶段社会发展的需求。与绿色建筑建设较早的发达国家相比，我国还处于绿色建筑发展的早期阶段。目前，我国城镇化率已经超过54%，大拆大建的发展模式已经过去，新建建筑的增长速度将逐步放缓，将从简单的数量扩张转变为质量提升。同时，我国大部分非绿色既有建筑都存在资源消耗水平偏高、环境负面影响偏大、工作生活环境亟待改善、使用功能有待提升等方面的问题，如何对待量大面广的既有建筑将是未来的重要问题。“十一五”、“十二五”期间，科技部组织实施了一批既有建筑综合、绿色改造方面的科技项目和课题，研究表明对既有建筑进行绿色改造将是解决其问题的有效途径之一。

2016年8月1日，国家标准《既有建筑绿色改造评价标准》GB/T 51141—2015（以下简称《既有建筑绿色改造评价标准》）发布实施，结束了我国既有建筑改造领域长期缺乏指导的局面。但是对于量大面广的既有建筑来说，《既有建筑绿色改造评价标准》侧重于评价，对于改造具体技术的支持力量过于单薄。为了进一步规范绿色改造技术，促进我国既有建筑绿色改造工作，由中国建筑科学研究院会同有关单位编制了协会标准《既有建筑绿色改造技术规程》T/CECS 465—2017（以下简称《规程》）。

2.1.2 前期工作

（1）国外标准

发达国家新建建筑较少，既有建筑所占比重较大，其环境问题较早地引起了人们的重视，制定了比较完善的既有建筑绿色改造相关标准。《规程》编制前期主要参考了以下国外标准和规范性文件：

美国：《既有建筑节能标准》ANSI/ASHRAE/IES 100-2015、《更高级节能设计指南》、《更高级节能改造指南》；

英国：《提升既有建筑能效-设备安装、管理与服务规程》PAS 2030：2014、《核准文件：L分部节能》；

日本：《居住建筑节能设计与施工导则》、《公共建筑节能设计标准》。

这些标准规范为《规程》编制提供了重要借鉴。

（2）国内标准

《既有建筑绿色改造评价标准》为我国既有建筑绿色改造提供了目标性指导，怎么做才能实现这些目标，需要具体的改造技术、措施和方法。为此，编制组重点研究了《既有建筑绿色改造评价标准》，在该标准的基础上编制了《规程》。在《规程》编制过程中，编制组还查阅、分析了大量国内相关标准规范。这些标准对既有建筑绿色改造有一定的指导意义，为《规程》的技术内容提供了重要的支撑。

（3）改造技术

"十一五"期间，国家科技支撑计划项目"既有建筑综合改造关键技术研究与示范"和一批既有建筑综合改造方面的科技项目顺利实施，积累了科研和工程实践经验。在此基础上，"十二五"期间，为进一步推进既有建筑改造发展和技术研究，科技部又组织实施了国家科技支撑计划项目"既有建筑绿色化改造关键技术研究与示范"，针对不同类型、不同气候区的既有建筑绿色改造开展研究。编制组研究和梳理以上两个科研项目及相关课题的成果，整理出了适用于不同气候区、不同建筑类型的绿色改造技术。

2.2 编制工作

（1）《规程》编制组于2016年1月在北京召开了成立暨第一次工作会议，《规程》编制工作正式启动。会议讨论并确定了《规程》的定位、适用范围、编制重点和难点、编制框架、任务分工、进度计划等。会议形成了《规程》草稿。

（2）《规程》编制组第二次工作会议于2016年3月在海口召开。会议讨论了第一次会议后的工作进展、《规程》与《既有建筑绿色改造评价标准》的关系，进一步讨论了《规程》各章节的总体情况、重点考虑的技术内容以及《规程》的具体条文等方面内容，强调绿色改造技术的广泛适用性，尽量适用于不同地区、不同建筑类型、不同系统形式等。会议形成了《规程》初稿。

（3）《规程》编制组第三次工作会议于2016年5月在广州召开。会议对《规程》初稿条文进行逐条交流与讨论，应合理设置条文数量和安排条文顺序，合并相似条文；要求规范标准用词和条文说明写法；再次明确提出《规程》的条文设置宜与《既有建筑绿色改造评价标准》的相关要求对应，且处理好相互之间的关系。会议形成了《规程》征求意见稿初稿。

（4）《规程》编制组第四次工作会议于2016年8月在北京召开。会议介绍了第三次工作会议后的工作进展，对《规程》稿件共性问题进行了讨论。会议提出：《规程》条文应涵盖《既有建筑绿色改造评价标准》的所有技术内容，且不能与之矛盾；第4～9章应将改造技术落实在评估或诊断之后，避免与第3章内容出现重复交叉。会议形成了《规程》征求意见稿。

（5）《规程》征求意见。在征求意见稿定稿之后，编制组于2016年10月14日向全国建筑设计、施工、科研、检测、高校等相关的单位和专家发出了征求意见。本次征求意见受到业界广泛关注，共收到来自47家单位，51位不同专业专家的315条意见。在主编单位的组织下，编制组对返回的这些珍贵意见逐条进行审议，各章节负责人组织该章专家通过电子邮件、电话等多种方式对《规程》征求意见稿进行研讨，多次修改后由主编单位汇总形成《规程》送审稿。

（6）《规程》审查会议于2016年12月19日在北京召开。会议由中国工程建设标准化协会绿色建筑与生态城区专业委员会主持，组成了以吴德绳教授级高级工程师为组长、金虹教授为副组长的审查专家组。审查专家组认真听取了编制组对《规程》编制过程和内容的介绍，对《规程》内容进行逐条讨论。最后，审查委员会一致同意通过《规程》审查。建议《规程》编制组根据审查意见，对送审稿进一步修改和完善，尽快形成报批稿上报主管部门审批。

2.3 主要技术内容

《规程》统筹考虑既有建筑绿色改造的技术先进性和地域适用性，选择适用于我国既有建筑特点的绿色改造技术，引导既有建筑绿色改造的健康发展。《规程》共包括9章，第1～2章为总则、术语；第3章为评估与策划；第4～9章为既有建筑绿色改造所涉及的各个主要专业改造技术，分别是规划与建筑、结构与材料、暖通空调、给水排水、电气、施工与调试，强调遵循因地制宜的原则进行绿色改造设计、施工与综合效能调试，提升既有建筑的综合品质。

2.3.1 第1～2章 总则、术语

第1章为总则，由4条条文组成，对《规程》的编制目的、适用范围、技术选用原则等内容进行了规定。在适用范围中指出，本规程适用于引导改造后为民用建筑的绿色改造。在改造技术选用时，应综合考虑，统筹兼顾，总体平衡。本规程选用了涵盖了不同气候区、不同建筑类型绿色改造所涉及的评估、规划、建筑、结构、材料、暖通空调、给水排水、电气、施工等各个专业的改造技术。

第2章是术语，定义了与既有建筑绿色改造密切相关的5个术语，具体为：绿色改造、改造前评估、改造策划、改造后评估、综合效能调适。

2.3.2 第3章 评估与策划

第3章为评估与策划，共包括四部分：一般规定、改造前评估、改造策划、改造后评估。一般规定由6条条文组成，分别对评估与策划的必要性、内容、方法和报告形式等方面进行了约束。改造前评估由18条条文组成，要求在改造前对既有建筑的基本性能进行全面了解，确定既有建筑绿色改造的潜力和可行性，为改造规划、技术设计及改造目标的确定提供主要依据，改造前评估的主要内容见表2-2-1。改造策划由4条条文组成，在策划阶段，通过对评估结果的分析，结合项目实际情况，综合考虑项目定位与分项改造目标，确定多种技术方案，并通过社会经济及环境效益分析、实施策略分析、风险分析等，

完善策划方案，出具可行性研究报告或改造方案。改造后评估由 3 条条文组成，主要对改造后评估的必要性、内容、方法进行了规定。

既有建筑绿色改造前评估内容　　表 2-2-1

类　别	内　容
规划与建筑	场地安全性、规划与布局；建筑功能与布局；围护结构性能；加装电梯可行性
结构与材料	结构安全性和抗震性能鉴定；结构耐久性；建筑材料性能
暖通空调	暖通空调系统的基本信息、运行状况、能效水平及控制策略等；可再生能源利用情况和应用潜力；室内热湿环境与空气品质
给水排水	给水排水系统的设置、运行状况、分项计量、隔声减振措施等内容；用水器具与设备，包括使用年限、运行效率及能耗、绿化灌溉方式、空调冷却水系统等；非传统水源利用情况和水质安全
电气	供配电系统，包括供配电设备状况、布置方式、电能计量表设置、电能质量等内容；照明系统，包括照明方式及产品类型、控制方式、照明质量、功率密度等；能耗管理系统的合理性；智能化系统配置情况

2.3.3 第 4～9 章　绿色改造技术

第 4～9 章分别是规划与建筑、结构与材料、暖通空调、给水排水、电气、施工与调试，是《规程》的重点内容，每章由一般规定和技术内容两部分组成，如表 2-2-2 所示。一般规定对该章或专业的实施绿色改造的基础性内容或编写原则进行了规定和说明，保证既有建筑绿色改造后的基本性能；根据专业不同，各章技术内容分别设置了 2～4 个小节，对相应的改造技术进行了归纳，便于人们使用。例如，第 4 章规划与建筑下面设置了一般规定、场地设计、建筑设计、围护结构、建筑环境，其中场地设计、建筑设计、围护结构、建筑环境属于技术内容。第 4～9 章共包括 137 条条文，其中一般规定 19 条，技术内容 118 条。

《规程》绿色改造技术目录　　表 2-2-2

类别	内容	类别	内容	类别	内容
规划与建筑			木结构构件		公用浴室
一般规定	场地安全治理		装修材料		节水用水设备
	污染源治理	暖通空调		非传统水源利用	非传统水源利用
	日照要求	一般规定	冷热负荷重新计算		非传统水源给水系统
	历史建筑		电直接加热设备		水质安全
场地设计	场地内交通环境		室内空气参数		雨水系统
	停车场地和设施		制冷剂		景观水体
	既有住宅小区环境和设施	设备和系统	原设备与系统再利用	电气	
	绿化景观		新增冷热源机组	一般规定	改造原则
	雨水利用措施		冷热源机组运行策略与性能		临时用电保障
	景观水体			供配电系统	供配电系统改造设计

续表

类别	内容
建筑设计	建筑空间
	地下空间
	灵活分隔
	无障碍交通和设施
	风格协调和避免过度装饰
	建筑防水
围护结构	保温隔热
	热桥
	玻璃幕墙和采光顶
	门窗
	屋顶
	外遮阳
建筑环境	隔声降噪
	热岛效应
	天然采光
	光污染控制
	自然通风
结构与材料	
一般规定	结构及非结构构件安全、可靠
	抗震加固方案
结构设计	非结构构件
	结构构件
	加固技术
	抗震加固
	增层
	单层排架结构
	多层框架结构
	单跨框架
	砌体结构
	轻质结构采光天窗
	地基基础
材料选用	高强度结构材料
	环保性和耐久性结构材料
	可再利用和可再循环材料

类别	内容
设备和系统	冷水机组出水温度
	输配系统性能
	系统分区
	风机
	水系统变速调节
	水系统水力平衡
	冷却塔
	全空气系统
	分项计量
	消声隔振
	低成本改造技术
热湿环境与空气品质	末端独立调节
	室内空气净化
	气流组织
	CO_2 浓度控制
	室内污染物浓度
	地下车库 CO 浓度
能源综合利用	锅炉烟气热回收
	制冷机组冷凝热回收
	排风系统热回收
	自然冷源
	蓄能
	热泵系统
给水排水	
一般规定	综合改造方案
	改造原则
	节水、节能、环保产品
节水系统	水质、水量、水压
	避免管网漏损
	用水分项计量
	热水系统热源
	热水系统选用和设置
节水器具与设备	2 级及以上节水器具
	绿化灌溉
	空调冷却水系统

类别	内容
供配电系统	配电变压器
	配电系统安全措施
	电压质量
	可再生能源发电
照明系统	照明质量
	照明光源
	灯具功率因数
	照明产品
	夜间照明设计
	控制方式
	可再生能源照明
能耗计量与智能化系统	建筑用能分项计量
	能源监测管理系统
	电梯节能控制
	智能化系统设计
施工与调试	
一般规定	施工许可和合同备案
	绿色施工专项方案
	施工验收
绿色施工	施工安全
	部分改造施工措施
	减振、降噪制度和措施
	防尘措施
	作业时间
	节水施工工艺
	施工废弃物减量化、资源化计划及措施
	消防安全
综合效能调适	综合效能调适
	全过程资料和调适报告
	调适团队
	调适方法
	综合效能调适验收

2.4 关键技术及创新

（1）定位和适用范围

《规程》编制前期对我国既有建筑现状和适用技术进行了充分调研，涵盖了成熟的既有建筑绿色改造技术，体现我国既有建筑绿色改造特点，符合国家政策和市场需求。《规程》可有效指导我国不同气候区、不同建筑类型的民用建筑绿色改造，如果工业建筑改造后为民用建筑也适用。

（2）绿色改造评估与策划

为了全面了解既有建筑的现状、保证改造方案的合理性和经济性，《规程》要求改造前应对既有建筑进行评估与策划。在进行前评估与策划时，按照绿色改造涉及的专业内容，对规划与建筑、结构与材料、暖通空调、给水排水、电气等开展局部或全面评估策划，在评估与策划过程中应注意各方面的相互影响，并出具可行性研究报告或改造方案。评估与策划可以充分了解既有建筑的基本性能，与以后各章改造技术一一对应，是此后具体开展绿色改造工作的基础，保障了改造工作的针对性、合理性和高效性。

（3）绿色改造的“开源”问题

“开源”是既有建筑绿色改造中的重要方面之一，《规程》在节材、节能和节水等方面均对其提出了相应要求。《规程》对节材“开源”要求主要体现在选用可再利用、可再循环材料，尤其是充分利用拆除、施工等过程中会产生大量的旧材料，具有良好的经济、社会和环境效益。《规程》对节能“开源”要求主要体现在鼓励可再生能源利用和余热回收，对绿色改造可能涉及的光伏发电、太阳能热水、热泵及余热回收等技术的应用进行了全面考虑，并提出具体的做法和技术指标要求。《规程》对节水“开源”要求主要体现在合理利用非传统水源，例如在景观水体用水、绿化用水、车辆冲洗用水、道路浇洒用水、冲厕用水、冷却水补水等不与人体接触的生活用水可优先采用非传统水源，并对非传统水源的水质提出了要求，保障用水安全。

（4）条文设置创新

①条文设置避免性价比低、效果差、适用范围窄的技术，尽可能适用于不同建筑类型、不同气候区，防止条文仅可用于某一种情况，最大限度地提高《规程》适用性和实际效果。

②既有建筑绿色改造应充分挖掘现有设备或系统的应用潜力，并应在现有设备或系统不适宜继续使用时，再进行局部或整体改造更换，避免过渡改造。

③《规程》还对既有建筑绿色改造提出了加装电梯和海绵城市改造等《既有建筑绿色改造评价标准》中未体现的内容，扩大了《规程》的应用范围。

专家审查委员会一致认为，《规程》针对既有建筑的改造特点，技术内容科学合理，具有创新性，可操作性和适用性强，与现行相关标准相协调，总体达到国际先进水平。

2.5 实施应用

本《规程》是国家标准《既有建筑绿色改造评价标准》的配套技术规程，为其提供了既有建筑绿色改造的具体解决方案。目前，我国既有建筑面积超过了 600 亿 m^2，大部分既有建筑都存在能耗高、安全性差、使用功能不完善等问题，是造成我国每年拆除的既有建筑面积约为 4 亿 m^2 的主要原因之一。拆除使用年限较短的建筑，不仅会造成生态环境破坏，也是对能源资源的极大浪费。通过对既有建筑实施绿色改造，不仅可以提升既有建筑的性能，而且对节能减排也有重大意义。

为配合《规程》的实施，主编单位还组织编写了《既有建筑绿色改造指南》（已报批）等相关技术文件，《既有建筑绿色改造评价标准实施指南》、《国外既有建筑绿色改造标准和案例》、《既有办公建筑绿色改造案例》、《办公建筑绿色改造技术指南》等既有建筑绿色改造系列丛书，《既有建筑改造年鉴》（2010～2016）；开发了既有建筑性能诊断软件（软件著作权登记号 2014SR169019）和既有建筑绿色改造潜力评估系统（软件著作权登记号 2015SR228139）等配套软件；建设了既有建筑绿色化改造支撑与推广网络信息平台。下一步，还将开展《规程》宣贯培训工作，同时结合“既有公共建筑综合性能提升与改造关键技术”和“既有居住建筑宜居改造及功能提升关键技术”等“十三五”国家重点研发计划，共同推动我国既有建筑绿色改造工作健康发展。

3 《建筑与小区低影响开发技术规程》T/CECS 469—2017

上海市建筑科学研究院（集团）有限公司　韩继红　高月霞　邹寒

3.1 编制背景

3.1.1 背景和目的

近年来，我国很多地区频发干旱和内涝等灾害，引发我们对城市水危机的深刻思考。水资源短缺和洪涝灾害并发的一个重要原因是雨水资源没有得到合理利用，为了有效缓解城市的内涝、水资源短缺等问题，改善城市生态环境，增加社会效益，习近平主席于2013年12月在中央城镇化工作会议上首次提出建设“海绵城市”的理念，从2013年之后，国家先后出台一系列政策和技术措施，大力推进海绵城市建设。

雨水是城市水循环系统中的重要环节，对城市水资源的调节、补充、生态环境的改善起着关键的作用。建筑与小区是城市雨水排水系统的起端，且占据了城市近70%的面积，因而建筑与小区雨水的有序排放与高效利用是城市雨水控制利用的重要组成部分，对城市雨水系统的优劣起到关键的作用，实现建筑与小区层面的海绵化对海绵城市的建设具有很大推动作用。

目前的既有海绵城市和低影响开发建设相关标准、规划主要针对区域层级，涉及建筑与小区的内容相对较少且深度不够，不足以为设计人员提供清晰的指导和有效的参考。为了使建筑与小区的海绵化建设与城市的海绵化建设得到良好的衔接，海绵型建筑与小区建设能够有更具针对性的标准支撑，设计人员在进行低影响开发设计时能够有更为清晰的实施路径指引，由上海市建筑科学研究院（集团）有限公司牵头，会同重庆大学、中国建筑科学研究院、住房和城乡建设部科技发展促进中心、中国建筑设计研究院、深圳市建筑科学研究院有限公司、岭南园林股份有限公司、北京泰宁科创雨水利用技术股份有限公司、深圳市越众（集团）股份有限公司、华东建筑设计研究总院编制了《建筑与小区低影响开发技术规程》T/CECS 469—2017（以下简称《规程》）。

3.1.2 前期工作

标准编制前期，编制组对国内外相关标准进行了充分的调研和对比分析，国外的标准调研主要对《规程》编制起到了一定启发和借鉴的作用，而国内的标准调研则对《规程》编制起到了重要的指导和支撑作用。我国已颁布的相关标准主要有《室外排水设计规范》GB 50014、《建筑给水排水设计规范》GB 50015、《建筑与小区雨水控制及利用工程技术规范》GB 50400、《雨水控制与利用工程设计规范》DB 11/685、《绿色建筑评价标准》

GB/T 50378，相关的指南、导则、图集有国家发布的《海绵城市建设技术指南》，以及各地发布的海绵城市规划设计导则、低影响开发雨水控制与利用工程设计标准图集。《规程》编制前期对这些标准进行分析与总结，研究《规程》编制的框架，同时找出既有标准中建筑与小区层面落实低影响开发所欠缺的部分，在《规程》中进行深化。

3.2 编制工作

2014年9月，上海市建筑科学研究院（集团）有限公司向中国工程建设标准化协会提出制订《绿色建筑与小区低影响开发雨水系统技术规程》（后经专家建议、标准化协会认可，更名为《建筑与小区低影响开发技术规程》）的项目建议，得到了协会建筑给水排水专业委员会的支持，列入了《2014年第二批工程建设协会标准制订、修订计划》建标协字〔2014〕070号。2014年10月至2015年12月，主编单位开展了详细的前期标准、文献、案例调研，并经过多次内部讨论，形成了标准草稿，此稿为后期的框架和初稿形成提供了重要的支撑。2015年12月，《规程》编制工作正式启动，《规程》编制组成立，期间召开了3次现场会议，同时编制组成员通过多种方式密切交流，提升了工作效率，快速推进了规程的编制工作。

（1）2015年12月19日，《规程》启动会暨第一次工作会议在上海召开。与会人员就标准的编制大纲、分工思路、进度计划等达成了共识。本次会议后，经编制及修改形成了《建筑与小区低影响开发技术规程》（初稿）。

（2）2016年3月25日，《规程》编制组第二次工作会议在上海召开，会议就《规程》编制的基本要求、各章节串联衔接问题、规程总体思路以及具体条文等方面内容进行了详细讨论，并形成了共识。本次会议后，修改形成了《建筑与小区低影响开发技术规程》（征求意见稿）。

（3）2016年8月25日，《规程》启动征求意见工作，通过在中国工程建设标准化网向社会公开征求意见和定向向全国建筑设计、施工、科研、高校等相关的单位和专家征求意见，截止到2016年10月13日，共收到来自23家单位的26位专家共159条意见。编制组针对返回的宝贵意见逐条进行审议，并组织各负责编制专家通过电子邮件、电话等多种方式对《规程》征求意见稿进行研讨，于2016年10月19日完成《规程》全部征求意见的回复工作。同时对征求意见稿进行修改，形成《建筑与小区低影响开技术规程》（送审稿）。

（4）2016年11月25日，《规程》审查会议在上海召开，会议组成了以徐凤教授级高工为组长的9人专家组。审查专家组对送审稿逐章逐节进行了认真审查，肯定了《规程》编制组在编制期间进行的充分调查研究、国内外相关标准总结和广泛征求意见等多项工作，认可编制组提出的规划、设计、施工验收、维护管理方法，认为《规程》内容翔实、与相关标准相协调，对推动我国建筑与小区的低影响开发雨水系统构建和海绵城市发展具有重要意义，同时提出关于规程名称、构架及章节名称等方面的修改调整建议。

（5）《规程》报批。2017年6月6日，《规程》被批准发布，编号为T/CECS 469—2017，自2017年10月1日起施行。

3.3 主要技术内容

《规程》从建筑与小区低影响开发全过程建设出发，针对策划、设计、施工与验收、维护管理各阶段提出了技术要求。首先提出了在建筑与小区尺度上进行低影响开发策划设计的流程，在策划阶段提出了场地分析方法和策划目标制定方法；在设计阶段从总体设计和分类设计出发，优先提出总体的设计要求，然后对建筑与小区中常用低影响开发设施的选择和设计方法进行详细展开，用于指导具体设施的设计；在施工与验收阶段，针对常用低影响开发设施分别进行施工和验收指引；在维护管理阶段，从设施维护和植物养护两方面提出相关措施。规程内容共分为 6 章，分别为总则、术语、策划、设计、施工与验收、维护管理，规程的框架如图 2-3-1 所示。

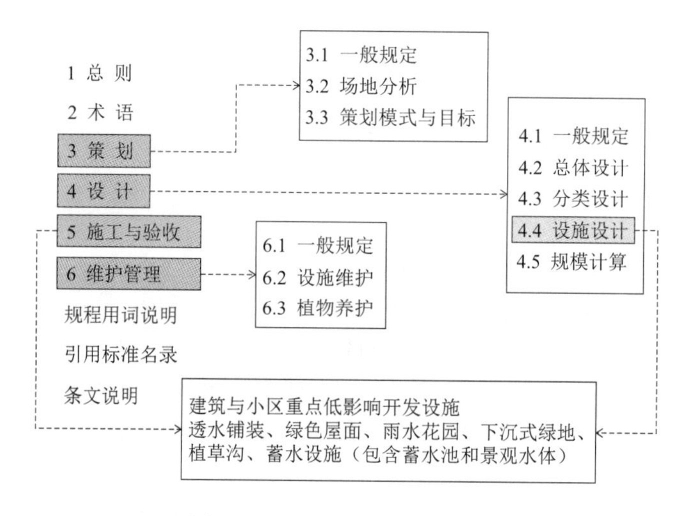

图 2-3-1 《规程》框架结构图

3.3.1 第 1～2 章 总则、术语

总则对《规程》的编制目的、适用范围、技术选用原则等内容进行了规定，明确了本规程主要用于指导建筑与小区低影响开发的策划、设计、施工与验收及维护管理。

术语重点就低影响开发的关键概念进行了定义，具体为：低影响开发、年径流总量控制率、非传统水源利用率、设计降雨量、流量径流系数、雨量径流系数。

3.3.2 第 3 章 策划

策划是建筑与小区低影响开发的第一步，为后续的设计、施工验收和维护管理提供顶层的要求和指引。策划主要包括三部分：一般规定、场地分析、策划模式与目标。

（1）一般规定对建筑与小区低影响开发策划的目的、要求以及径流系数的选择进行了明确，并提出了建筑与小区尺度上进行低影响开发雨水系统规划设计的流程（主要内容见图 2-3-2），该流程将策划和设计中涉及的方方面面系统性的整合起来，意在为使用者提供更为清晰的《规程》使用路径。

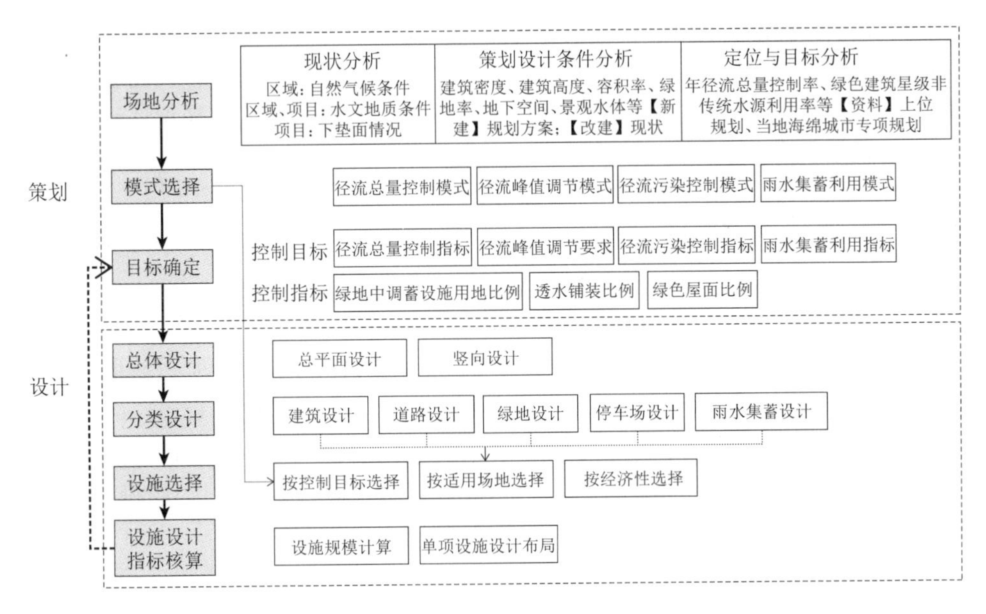

图 2-3-2　建筑与小区低影响开发策划设计流程

（2）场地分析主要给出了建筑与小区前期场地现状分析、策划设计条件分析、定位和目标分析方法。

（3）策划模式与目标提出在场地分析的基础上，进行策划模式选择与目标制定的方法，模式与目标相对应。四种模式分别为径流总量控制模式、径流峰值调节模式、径流污染控制模式和雨水集蓄利用模式。

3.3.3　第 4 章　设计

设计是《规程》最核心的章节，通过总体设计、分类设计、设施设计、规模计算四方面为设计人员提供低影响开发设计指导。

（1）总体设计主要对建筑与小区的总平面设计、竖向设计提出了要求，从而更好指导低影响开发设施的选择、布置以及场地雨水径流路径的合理规划。

（2）分类设计按照建筑、道路、绿地、停车场、雨水集蓄的分类提出了相应的低影响开发的设计要求。

（3）设施设计明确了低影响开发设施的选择应与策划阶段选取的控制模式以及控制目标对应，并对建筑与小区中适用的各项低影响技术措施的功能、特点以及设计要求进行了明确。

（4）规模计算明确了低影响开发设施的规模应依据低影响开发控制目标及设施在具体应用中发挥的主要功能，并选择适合计算方法的原则，同时按照年径流总量控制、径流污染控制的目标分类以及初期雨水弃流、转输与截污净化、雨水集蓄利用的功能分类的原则对低影响开发设施的规模计算方法进行了阐述。

3.3.4　第 5～6 章　施工与验收、维护管理

低影响设施的施工与验收重点针对透水铺装、绿色屋面、雨水花园、下沉式绿地、植

草沟、蓄水设施等常用低影响开发设施进行相关的要求，施工方面包括施工工序、构造层施工等内容，验收方面针对各类设施的主控项目和一般项目分别提出验收内容和方法的要求。维护管理主要结合六种常用低影响开发设施所涉及的维护内容，从设施维护、植物养护、维护频次等方面提出要求。

3.4 关键技术及创新

（1）《规程》针对建筑与小区

《规程》编制中将低影响开发（海绵城市）的理念落实到建筑与小区，从海绵城市底层建设出发，研究建筑与小区低影响开发雨水系统构建技术，将建筑与小区的海绵化建设与城市的海绵化建设进行良好的衔接。规程在研究适用于建筑与小区的低影响开发雨水系统建设技术的基础上，提出了适用于建筑与小区低影响开发系统全周期建设的技术规程，从策划、设计、施工与验收和维护管理整个阶段提出技术要求。

（2）低影响开发策划设计流程

为了使《规程》能够为使用者提供清晰的使用路径，使建筑与小区低影响开发的策划设计更具有可操作性，《规程》提出了在建筑与小区尺度上进行低影响开发策划设计流程（主要内容见图2-3-2）。策划设计流程将策划阶段依次划分为场地分析、模式选择、目标确定，意在通过合理和全面的场地分析来选择适用的模式和对应需要达到的目标。设计阶段划分为总体设计、分类设计、设施选择、设施设计指标核算等几部分，在对场地进行总平面设计和竖向设计的基础上，结合不同场地分类进行设施的选择和设计，不同的设施按照要求设计后其相关参数需要满足控制目标的要求。

（3）低影响开发设施设计施工验收具体化

《规程》针对建筑与小区常用的六种低影响开发设施进行设计、施工和验收技术指引。每类设施的设计均从其构造、适用性和具体的设计要求出发，设计要求中涵盖构造层设计、横向设计、竖向设计、植物配置等相关要求。施工部分提出了对施工工序、构造层施工等方面的要求，验收则针对每类设施的主控项目和一般项目提出相关的验收要求。

（4）规程整体水平

《规程》的编制是在对国内外与低影响开发、雨水综合利用相关的最新技术理念、标准要求以及先进工程案例与做法调研总结下完成，理念先进、技术可靠，经中国科学院上海科技查新咨询中心审查，《规程》覆盖的低影响开发雨水系统目标和指标范围广、内容全，且针对建筑与小区的取值不低于国内相关标准，《规程》达到了国内领先、国际先进水平。

3.5 实施应用

低影响开发的理念起源于国外，目前美国等发达国家已出台与低影响开发、城市雨水综合利用相关的技术规范与导则，并已有成功案例，我国引入低影响开发的理念仅有10年左右时间，低影响技术应用尚处于起步阶段，缺少统一的设计标准和技术规范引导，可遵循和参考的仅有《建筑与小区雨水控制及利用工程技术规范》GB 50400，因而在建筑与小区的开发建设中，设计单位和建设单位大多依靠经验应用低影响雨水开发模式，其开发的规划、设计、施工和管理缺乏可靠依据、低影响开发建设的质量也参差不齐。近年来，随着我国海绵城市建设的大规模开展，建筑与小区的海绵化也将是今后城市发展与建设的重要方向之一，《规程》适用于新建和改建建筑与小区低影响开发的策划、设计、施工与验收、维护管理，其编制对于弥补我国在建筑与小区低影响开发建设方面技术标准的缺失具有重要意义，能够为建筑与小区低影响开发雨水系统的策划、设计、施工验收、维护管理提供技术指引，将建筑与小区的海绵化建设与城市的海绵化建设进行良好的衔接，可以有效引领和指导今后建筑与小区低影响开发的建设。在该标准编制研究过程中，上海市建筑科学研究院（集团）有限公司累计为全国各地 30 多个项目提供了绿色建筑和绿色城区咨询服务，将《规程》的部分成果应用其中。同时依托《规程》的编制，标准主编单位在学术研讨会、企业培训会上对全国同行进行技术交流超过 100 人次，后期配合《规程》的推广，主编单位还将进一步开展《规程》宣贯和培训工作，努力推动我国建筑与小区低影响开发的建设和发展。

4 《健康建筑评价标准》T/ASC 02—2016

中国建筑科学研究院 王清勤 孟冲 李国柱

4.1 编制背景

4.1.1 背景和目的

建筑是人类的重要场所，人的一天中80%以上时间是在室内度过的，建筑与每个人的生活息息相关。人们越来越注重生活质量，而室内装修污染、餐厅食品安全、光环境、声环境、热湿环境、雾霾天气、饮用水安全、食品安全等一系列问题，严重影响了人们的生活，甚至威胁健康安全，建筑对于人们追求高质量健康生活至关重要。同时，我国绿色建筑得到了快速发展，虽然健康的使用空间是绿色建筑的目的之一，但绿色建筑对健康方面的要求并不全面，因此健康建筑是绿色建筑在健康方面的更深层次发展。此外，根据党的十八届五中全会战略部署，中共中央、国务院于2016年10月25日印发了《"健康中国2030"规划纲要》，明确提出推进健康中国建设，良好的建筑环境是健康中国的构成部分，所以健康建筑是"健康中国"战略的需求，是我国建筑领域未来的重要发展方向。

目前，美国WELL建筑标准是一部考虑建筑与其使用者健康之间关系的标准，包括了空气、水、营养、光、健身、舒适、精神7大类评价指标。我国协会标准《健康住宅建设技术规程》CECS 179—2009中，将住宅的健康因素分为居住环境的健康性和社会环境的健康性，既考虑了住宅建筑的性能，也兼顾到了人的社会属性和精神健康，较为全面地将住宅建筑与健康进行了融合。除此之外，国外再没有将健康性能整合在一起的标准，我国目前的标准体系中尚未有适用于各类民用建筑的涵盖生理、心理和社会三方面要素的评价标准。因此，需要借鉴国内外标准中对建筑健康性能的要求并结合我国实际特点，制定出具有普适性且涵盖各类健康要素的健康建筑评价标准。

基于前述背景，由中国建筑科学研究院、中国城市科学研究会、中国建筑设计研究院有限公司会同有关单位制定了中国建筑学会标准《健康建筑评价标准》（以下简称《标准》）。2017年1月6日，经中国建筑学会标准化委员会批准，中国建筑学会标准《健康建筑评价标准》（以下简称《标准》）发布，编号为T/ASC 02—2016，自2017年1月6日起实施。

4.1.2 前期工作

编制组调研了国内外健康建筑设计与评价相关的标准规范并收集整理，撰写了健康建筑相关的国内外标准调研报告。选出一些整体性能较好的实际项目案例进行了研究分析，包括设计方案分析、项目建设问题调研、实地考察、用户问卷调研等，对调研结果进行归纳总结，结合文献调研结果确定并量化健康评价指标。

4.2 编制工作

（1）2016年3月1日召开了《健康建筑评价标准》启动会暨编制组第一次工作会议。《健康建筑评价标准》（以下简称《标准》）编制专家和秘书组成员参加了会议。会上，阐述了《标准》编制背景和意义；介绍了我国当前绿色建筑发展现状、国内外健康建筑相关评价标准发展现状；提出并讨论了标准结构框架、体例、适用范围、评价方式等一系列关键性问题。

（2）2016年5月10日召开了《健康建筑评价标准》编制组第二次工作会议。与会专家详细评阅了标准初稿，确定围绕人类健康主题的指标来确立各级标题及章节顺序，并在一些关键性的编制工作问题上达成了共识。

（3）2016年8月21日召开了《健康建筑评价标准》编制组第三次工作会议。确定标准体系为"空气、水、舒适、健身、人文、服务"。并逐条对《标准》进行了讨论，对存在的共性问题和专业性问题提出了修改意见。

（4）2016年9月7日召开了《健康建筑评价标准》编制组第四次工作会议。会上，编制组专家对《标准》初稿各项健康指标的分值设定、条款级别、各章深度、条文数量等问题进行了讨论，并对条文内容进行了进一步的逐条梳理。

（5）2016年9月17日召开了《健康建筑评价标准》编制组第五次工作会议。编制组对标准各项条文的合理性、全面性等进行讨论并提出修改意见，形成《健康建筑评价标准》征求意见稿。2016年9月24日，《健康建筑评价标准》开始征求意见。

（6）2016年10月29日召开了《健康建筑评价标准》编制组第六次工作会议，对征集来自35家单位、52位专家的295条意见或建议进行了汇总、分析、归纳和处理，形成了"健康建筑评价标准意见汇总处理表"。并按照征集的意见对标准进行修改和完善。

（7）2016年11月21日召开了《健康建筑评价标准》编制组第七次工作会议，根据《标准》试评稿，编制组制定了试评表，选取具有代表性的建筑进行项目试评，就试评结果召开试评会议，对试评过程中所发现的标准实用性、合理性等问题进行讨论，会后对讨论内容进行汇总、分析、归纳和处理，形成本标准的送审稿。

（8）2016年11月30日召开了《健康建筑评价标准》审查会。会议由中国建筑学会建筑材料分会王伟常务副秘书长主持，会议成立了以朱能教授为主任委员、潘小川教授为副主任委员的审查专家委员会。审查委员会听取了《标准》编制工作报告，对《标准》各章内容进行了逐条讨论和审查。经充分讨论，认为标准评价指标体系充分考虑了我国国情和健康建筑特点，《标准》将对促进我国健康建筑行业发展、规范健康建筑评价发挥重要作用，审查委员会一致同意通过《规程》审查。

4.3 主要技术内容

《标准》共分为10章，主要技术内容包括：总则、术语、基本规定、空气、水、舒适、健身、人文、服务、提高与创新。

4.3.1 第1～2章 总则、术语

第1章为总则，由4条条文组成，对《标准》的编制目的、适用范围、评价原则等内容进行了规定。在适用范围中指出，本标准适用于民用建筑健康性能的评价。健康建筑评价应遵循多学科融合性的原则，对建筑的空气、水、舒适、健身、人文、服务等指标进行综合评价。

第2章是术语，定义了与健康建筑密切相关的11个术语，其中健康建筑（healthy building）定义为：在满足建筑功能的基础上，为建筑使用者提供更加健康的环境、设施和服务，促进建筑使用者身心健康、实现健康性能提升的建筑。

4.3.2 第3章 基本规定

第3章为基本规定，对健康建筑评价所涉及的一般规定、评价方法与等级划分进行了规定。

（1）参评建筑要求

为保证建筑的健康性能，对参评建筑提出了基本要求，即：

①全装修。为避免装饰装修涂料、家具等污染物散发影响建筑室内空气品质，进而降低建筑的健康性能甚至将健康建筑变得不健康，《标准》明确要求健康建筑评价应以全装修的单栋建筑、建筑群或建筑内区域为评价对象。毛坯建筑不可参与健康建筑评价。

②满足绿色建筑要求。健康建筑是绿色建筑更高层次的深化和发展，即保证“绿色”的同时更加注重使用者的身心健康；健康建筑的实现不应以高消耗、高污染为代价，《标准》规定申请评价的项目应满足绿色建筑的要求，即：获得绿色建筑星级认证标识，或通过绿色建筑施工图审查。

（2）评分方法

健康建筑评价充分考虑了民用建筑设计和运行两个阶段的健康性能影响因素，将健康建筑评价分为设计评价和运行评价，其中设计评价应在施工图审查完成之后进行，运行评价应在建筑通过竣工验收并投入使用一年后进行。

设计评价指标体系由空气、水、舒适、健身、人文5类指标组成；运行评价指标体系由空气、水、舒适、健身、人文、服务6类指标组成。每类指标均包括控制项和评分项。为鼓励健康建筑在提升建筑健康性能上的创新和提高，评价指标体系还统一设置加分项。控制项是参评建筑必须满足的要求，其评定结果为满足或不满足；评分项和加分项是通过措施性或结果性的指标来衡量参评建筑的健康设计和健康运行的程度，其评定结果为分值。

评价指标体系6类指标的总分均为100分。由于健康建筑系统复杂，不同类型民用建筑系统又不尽相同，他们在功能、地域气候、环境、使用者行为习惯等方面存在差异，评价指标会存在在某些建筑中不适用的情况。因此，考虑到不参评条文，6类指标各自的评分项得分Q_1、Q_2、Q_3、Q_4、Q_5、Q_6按参评建筑该类指标的评分项实际得分值除以适用于该建筑的评分项总分值再乘以100分计算。这样就避开因不参评条文引起的健康建筑等级降低的情况。

总得分为各类指标得分经加权计算后与加分项的附加得分之和，其计算式为

$$\Sigma Q = w_1 Q_1 + w_2 Q_2 + w_3 Q_3 + w_4 Q_4 + w_5 Q_5 + w_6 Q_6 + Q_7$$

式中，Q 为总得分；$w_1 \sim w_6$ 为各指标对应的权重系数（见表 2-4-1）；$Q_1 \sim Q_6$ 为 6 类指标的评分项得分；Q_7 为加分项的附加得分，即“提高与创新”章得分。

4.3.3 指标权重

《标准》中各评价指标的权重体现了各指标对健康建筑健康性能的贡献，是总得分和健康等级的关键评价因素。《标准》在各指标权重研究中，以“抓主因、顾次因”的原则充分考虑了不同类型的民用建筑的健康影响因素，并按照民用建筑的分类，建立了居住建筑和公共建筑指标权重的调研问卷，采用问卷调查、层次分析、专家咨询、项目试评等多途径结合的方式，建立了健康建筑各类评价指标的权重，见表 2-4-1。

健康建筑各类评价指标的权重 **表 2-4-1**

		空气 w_1	水 w_2	舒适 w_3	健身 w_4	人文 w_5	服务 w_6
设计评价	居住建筑	0.23	0.21	0.26	0.15	0.15	—
	公共建筑	0.27	0.19	0.24	0.14	0.16	—
运行评价	居住建筑	0.20	0.18	0.24	0.13	0.13	0.12
	公共建筑	0.24	0.16	0.22	0.12	0.14	0.12

注：①表中“—”表示服务指标不参与设计评价。

②对于同时具有居住和公共功能的单体建筑，各类评价指标权重取为居住建筑和公共建筑所对应权重的平均值。

4.3.4 等级划分

为使健康建筑的健康性能更为直观地表现出来，《标准》对健康建筑的健康性能进行了等级划分，将健康建筑分为一星级、二星级、三星级 3 个等级。3 个等级的健康建筑均应满足本标准所有控制项的要求。

健康建筑评价按总得分确定等级，当健康建筑总得分分别达到 50 分、60 分、80 分时，健康建筑等级分别为一星级、二星级、三星级。

4.3.5 第 4～10 章 评价技术

《标准》是在广泛调研研究、参考与协调国内外相关标准、充分考虑我国实际情况的基础上编制完成的，规定了健康建筑的评价指标，充分考虑了与健康密切相关的空气、水、舒适、健身、人文、服务 6 方面技术内容要求，对较为重要且民众关注度较高的 $PM_{2.5}$、甲醛等空气质量指标、饮用水等水质指标、环境噪声限值等舒适指标、健身场地面积等健身设施指标、无障碍电梯设置等人文关怀指标、食品标识要求等服务指标等均进行了要求或引导。

《标准》遵循多学科融合性的原则，建立了涵盖生理、心理和社会三方面要素的评价指标作为一级评价指标，分别为空气、水、舒适、健身、人文、服务，这些以及指标分别

为标准的第 4～9 章，各一级指标下又细分多项二级指标，见图 2-4-1。为鼓励健康建筑的性能提高和技术创新，另设置第 10 章“提高与创新”。

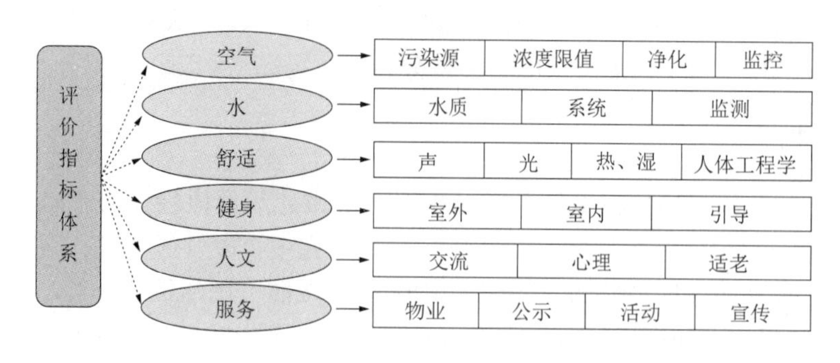

图 2-4-1 《标准》指标体系

4.4 关键技术及创新

(1) 技术特点

建筑服务于人，健康建筑的本质是促进人的身心健康。健康含义是多元的、广泛的，世界卫生组织给出了现代关于健康较为完整的科学概念：健康不仅指一个人身体有没有出现疾病或虚弱现象，而是指一个人生理上、心理上和社会上的完好状态。但建筑中影响使用者健康的影响因素来源多种多样，例如室外污染物来源、室内装饰装修材料及家具散发的污染物、噪声、水质、食品安全、热湿环境、缺少锻炼、建筑心理因素等。同时，健康建筑应可以通过一些定量数据反映出建筑的健康性能，使健康建筑性能“可考核”。据此，为使《标准》尽可能涵盖人所需的生理、心理、社会 3 方面要素且能体现出健康建筑的性能，并使其具有较强的科学和适用性，在《标准》制定时确定了编制 4 项原则，也是本标准的 4 个技术特点，即：

①指标集成性：将影响健康的主要指标体现在一本标准中；

②性能全面性：涵盖生理、心理、社会三方面所需的要素；

③技术感知性：既充分融入健康技术，又能够感知其效果；

④体系适用性：符合我国实际状况，“指标严、可执行”。

(2) 创新性

专家审查委员会一致认为，《标准》评价指标体系充分考虑了我国国情和健康建筑特点，《标准》将对促进我国健康建筑行业发展、规范健康建筑评价发挥重要作用；《标准》技术指标科学合理，创新性、可操作性和适用性强，标准总体上达到国际领先水平。

4.5 实施应用

营造健康的建筑环境和推行健康的生活方式，是满足人民群众健康追求、实现健康中国的必然要求，也是绿色建筑向更深层次发展的迫切需求，健康建筑是我国建筑领域的发展方向。对建筑健康性能进行评价，是鼓励建造健康建筑、促进健康产业发展的有效途径。截至 2017 年 9 月，我国已产生 2 批共 17 个健康建筑标识项目（表 2-4-2），其中：运行标识 1 项，设计标识 16 项；公共建筑 4 项，住宅建筑 13 项；二星级 11 项，三星级 6 项。

截至 2017 年 9 月我国健康建筑标识项目 **表 2-4-2**

序号	项目名称	建筑类型	标识阶段	标识星级
1	中国石油大厦（北京）	公建	运行标识	★★★
2	深圳南海意库 3 号楼	公建	设计标识	★★
3	北京市海淀区中关村壹号地项目 B2 号楼	公建	设计标识	★★
4	佛山当代万国府 MOMA 4 号楼	住宅	设计标识	★★★
5	杭州朗诗熙华府住宅小区	住宅	设计标识	★★★
6	中冶北京德贤公馆（8～10 号楼）	住宅	设计标识	★★
7	朝阳区小红门乡肖村公共租赁住房（配建商品房）项目 1～4 号楼	住宅	设计标识	★★
8	生态城中部片区 03-05-01A（57A）亿利住宅项目（颐湖居）二期工程 10～13 号、15～18 号、23 号、24 号、31 号、32 号楼	住宅	设计标识	★★
9	天津生态城南部片区 11b 地块住宅项目	住宅	设计标识	★★
10	合肥万锦花园 A-01～A-03 号、A-05～A-06 号楼	住宅	设计标识	★★
11	杭州中南·紫樾府 6 号楼	住宅	设计标识	★★
12	南京朗诗奥和雅苑熙华府 1～10 号楼	住宅	设计标识	★★★
13	建发央玺（上海）27～28、30～36 号楼	住宅	设计标识	★★★
14	杭州朗诗乐府住宅小区	住宅	设计标识	★★★
15	南京君颐东方厚泽园	住宅	设计标识	★★
16	南京君颐东方芳泽园	住宅	设计标识	★★
17	中关村集成电路设计园 9 号楼项目	公建	设计标识	★★

《标准》的编制及健康建筑的评价，对于助力“健康中国 2030”及促进健康建筑行业发展具有重要意义。但同时，由于健康建筑刚刚起步，以《标准》带动健康建筑产业发展之路，仍需要多领域相关机构（科研机构、高校、地产商、相关产品商、物业管理单位、医疗服务行业等）共同努力推动。

5 《绿色仓库要求与评价》SB/T 11164—2016

机械工业第六设计研究院有限公司 许远超 李海波 岳 迪

5.1 编制背景

近年来，全球气候变化成为全人类面临的最严峻挑战，世界先进国家日益认识到发展绿色经济，降低污染排放的重要性。我国绿色物流发展起步较晚，目前绿色物流概念还没有被广泛认知，很多企业、协会对如何发展绿色物流还处于茫然状态，不知如何入手。学术界对绿色物流的讨论基本上还处于空对空的概念讨论阶段，缺乏落地实施的具体措施。

在绿色仓储与配送领域，当10年前日本最先进的物流系统集成商在中国倡导绿色仓储与配送中心解决方案时，很多中国企业对此几乎没有认识，后来随着绿色物流概念广泛被探讨，企业才对绿色物流有了一些了解，绿色仓储与配送到底如何去做，企业仍然缺乏明确而具体的解决方案。对于什么事真正的绿色仓储、绿色配送，还缺乏规范的评估标准，更缺乏公平公正的第三方测评，用数据说话来阐述绿色仓储与配送。

随着中国的快速发展，环境污染问题越来越严重，因此我国自20世纪90年代以来，也一直致力于环境污染方面的政策和法规的制定和颁布，但针对物流仓储与配送行业的还不是很多。另外，由于物流涉及的有关行业、部门、系统过多，导致物流行业无序发展，造成资源配置巨大浪费，也为以后绿色物流仓储与配送运作上的环保问题增加了过多的负担。

绿色仓储与配送的发展离不开绿色物流技术与管理的支撑，目前我国的物流技术和绿色仓储与配送要求有较大差距。在仓储设施和建筑方面，没有很好的规划，存在物流行业内部的无序发展和无序竞争状态，对环保造成很大的压力；在仓储设备方面，机械化程度和先进性与绿色物流要求还有距离；在物流材料的使用上，与绿色物流倡导的可重用性、可降解性也存在巨大的差距；另外，在物流的自动化、信息化和网络化环节上差距更大。

仓储业是我国的一个传统行业，过去国内的仓库以楼房库和平方库为主要建筑形式。我国在绿色仓库的建设水平和研究方面还处于起步阶段，与国际上先进技术国家在绿色仓库建设理念上、政策支持上以及技术实践上均存在较大的差距。随着外资仓储地产企业的进入，出现了大跨度、高空间的轻钢结构仓库，同时也引入了绿色仓储的理念和技术，但是这些理念一直不能得到很好的传播，更不用说体现在仓库建设的实际中。

如果利用绿色仓储的理念和技术从事仓库建设、经营与运作，对于仓储业的节能降耗、成本降低、可持续性发展有着重要意义，因此绿色仓库的认证体系的建立有着重要的意义。

5.2 编制工作

行业标准《绿色仓库要求与评价》由中国仓储协会组织申报、商务部提出并归口，是《商务部办公厅关于下达2014年流通行业标准项目计划的通知》（商办流通函〔2014〕191号）中的标准制定计划的项目。

2014年8月初组建起草小组，分工进行资料的收集和整理；8月中旬在北京召开了起草小组讨论会，会上对标准的整体框架、核心内容等进行讨论并形成了统一。此外，会议决定由机械工业第六设计研究院有限公司编制标准初稿；10月初，完成标准初稿；10月上旬，起草小组再次召开小组会议对标准初稿进行讨论，会后由中国仓储协会完成标准的初稿在小组内部进行征求意见；根据各起草单位的意见，中国仓储协会完成标准的征求意见稿，并在11月底向社会广泛征求意见。征求意见阶段共收到11家单位的58条意见，采纳40条，根据汇总的征求意见对标准进行了修改，完成了标准的送审稿。

2015年1月9日，在北京组织召开了《绿色仓库要求与评价》行业标准审查会，审查组由来自行业协会、大专院校、科研机构、企业等相关方面共9名专家组成。审查组听取了标准编制组对该标准编制说明、标准技术内容和征求意见汇总处理情况的汇报，对该标准进行了逐条审定，审查组认为该标准达到国内先进水平，同意通过审查。目前已由商务部批准发布，编号为SB/T 11164—2016，于2017年5月1日起开始实施。

5.3 主要技术内容

标准从绿色仓库基本要求、库区选址和规划、节地与土地利用、节能与能源利用、节水与水资源利用、节材与材料资源利用、环境、技术进步与创新等方面进行了规定，为建设和评价绿色仓库提供了方法与依据。标准共包括11章，第1～3章为适用范围、引用文件和术语；第4章为基本要求；第5～10章为绿色仓库所涉及的关键技术及评价要求；第11章为绿色仓库评价方法。

5.3.1 第1～3章 范围、引用文件和术语

第1章为适用范围，本标准适用于新建、改建、扩建通用型常温仓库及库区，其他各类专业仓库可参照执行。

第2章为规范性引用文件，《通用仓库及库区规划设计参数》GB/T 28581—2012和《绿色建筑评价标准》GB/T 50378—2014对本标准的应用是必不可少的。

第3章是术语，定义了和绿色仓库要求与评价密切相关的6个术语，具体为：绿色仓库、可再生能源、非传统水源、可再利用材料、可再循环材料、综合能耗。

5.3.2 第4章 基本要求

第4章为基本要求，由4条条文组成，对绿色仓库设计和仓库建设方面应符合的相关标准和原则进行规定。仓库设计应统筹考虑仓库全生命期内，节能、节地、节水、节材、环境保护、满足仓库功能之间的辩证关系。要求绿色仓库的综合能耗低于同类常规仓库，

并且根据仓库的使用要求，进行建筑及工艺设备的一体化设计。

5.3.3 第5～10章 绿色仓库评价要求与技术

第5～10章分别是库区选址与规划、节地与土地利用、节能与能源利用、节水与水资源利用、节材与材料资源利用、环境。从“四节一环保”的角度对绿色仓库的评价要求及所采用的绿色关键技术措施进行规定和说明。第5～9章共包括59条条文，其中控制项条文12项，一般项（评分项）条文31项，优选项条文11项。

（1）库区选址与规划

建设项目应符合所在城市的产业经济结构、避免对环境的影响，并对当地社会制约与发展的主要目标进行论证。项目应注意周围交通系统规划完善并考虑将企业的外部运输纳入社会综合运输体系。规划功能分区应合理，内部交通路网清晰，人流物流有序，且为了园区的更新换代，从而决定了仓库应根据实际发展变化，可作适当超前设计。

（2）节地与土地利用

合理规划建设场地，优化建筑形体和空间布局，在满足仓库功能的前提下，应集中或成组布置各建（构）筑物，考虑采用地下车库，多层或高层建筑结构形式。在可再生地或废弃的场地建设时，应同时对场地的生态环境进行改造或改良，使其达到国家和地方的现行环保标准要求。

节地与土地利用技术措施 表2-5-1

序号	技术措施
1	多层库房、联合库房
2	简化、优化园区物流、人流、车流
3	有效利用地形标高、边角区域布置零星设施
4	装卸区集中设置、合理利用园区道路进行车辆回转
5	尽量采用垂直交通运输，避免采用坡道运输

（3）节能与能源利用

在气密性、采光、通风方面合理采用采光模拟、通风模拟、自动控制等技术手段，选用符合国家标准的低能耗产品，采用分区、分类或者远程计量系统等对能源消耗状况实行监测。

节能与能源利用技术措施 表2-5-2

序号	技术措施
1	选用高效、低能耗设备
2	充分利用自然光照明；照明灯具采用LED节能灯具，并分区、分档控制
3	采用隔热性能优良的围护保温材料，并控制门窗的气密性
4	尽量利用自然通风，或采用无动力通风设施
5	将能源供应中心尽量设置在负荷中心，减少路损
6	利用太阳能进行屋顶光伏发电、路灯照明、淋浴热水供应
7	采用地源热泵、水源热泵进行采暖和空气调节
8	能源分区、分类和分项计量，强化考核制度

(4) 节水与水资源利用

在项目规划、规划设计阶段，即开始对项目水资源综合利用进行考虑。合理提高水资源重复利用率，减少新鲜水供水量和污水排放量。合理设计供水压力，选用节水设备，采用节水技术或免水技术，库区给水系统应分级计量。

节水与水资源利用技术措施　　表 2-5-3

序号	技术措施
1	园区雨、污、废水分流制，有条件的尽量采用雨水收集利用、中水处理回用
2	合理设计给水管径，并采用经济流速
3	节水型设备和卫生洁具
4	采用优质给水管材、管件及阀门，减少水泄露

(5) 节材与材料资源利用

将建筑功能与装饰构件相结合，减少纯装饰性构件的使用；优化结构设计，使用变截面、组合截面等充分发挥材料特性的体系，各地方对禁止使用的建筑材料、建筑制品和建筑工艺目录，一般是针对民用建筑而发布的，在进行仓库项目设计时可以需要根据实际情况进行选择。

节材与材料资源利用技术措施　　表 2-5-4

序号	技术措施
1	建筑造型简约化，避免采用大量装饰性构件
2	避免过度装修和装饰
3	采用复合要求的轻型建筑材料

(6) 环境

根据实际情况采取有效的个人防护措施，污染物排放应符合国家和地方标准，库区绿化应选择适宜的乡土植物及复层绿化方式。

环境保护技术措施　　表 2-5-5

序号	技术措施
1	玻璃幕墙、灯光、外墙涂料等造成的光污染，符合标准要求
2	采用电动运输和装卸车辆，减少废气排放
3	生产废水、生活污水治理达标后排放
4	包装材料尽量循环利用，废弃固体物集中放置，并定期委外处理
5	绿化环境，和谐生态，创造宜人的生产和生活环境

5.3.4 绿色仓库评价

绿色仓库等级评定工作的组织领导机构为“中国绿色仓库等级评定委员会”，由中国仓储协会和全国相关行业组织的领导与相关专家组成。绿色仓库的评价分为设计和运行两个阶段，设计阶段在施工图完成后评价，运行阶段应在项目建成并运营后进行。绿色仓库标识评审流程分为单位自审、预审、审定（设计标识）或现场评审（运行标识）三个主要阶段。

5.4 关键技术及创新

（1）绿色仓库的节能降耗

推动仓储设施的节能降耗，主要指在仓储设施全生命期内，最大程度地节约资源（包括：节能、节地、节水、节材）和减少污染，最大程度地应用绿色新能源，为仓储企业提供高效、适用、安全的存储空间。规划建设绿色仓储设施，或将原有的仓储设施更新改造成绿色仓储设施是一项系统工程，必须要有行之有效且能够贯穿仓储设施建设与技术改造的绿色标准。通过标准的引领来推动绿色仓储设施的规划建设，全面推进仓储设施节能降耗。

（2）绿色仓库综合评价

本标准从仓库屋顶光伏分布式发电技术、仓库规划与设计节能技术、仓库绿色建筑节能技术、仓库暖通节能技术、仓库区域给排水技术、仓库照明节能技术、冷库建筑节能集成技术等方面对绿色仓库提出相关要求，标准注重仓库的综合评价，企业可以通过宣贯标准和评估认证开展这项工作，评价机构帮助企业积极争取享受国家各种节能降耗的相关资金补贴和优惠政策。

（3）绿色仓库等级评定

《绿色仓库要求与评价》SB/T 11164—2016 分别从库区选址与规划、节地与土地利用、节能与能源利用、节水与水资源利用、节材与材料资源利用、环境六个方面将评价指标分为控制项、一般项、优选项三个内容进行评价，其中控制项共 12 项，一般项共 31 项，270 分，优选项共 14 项，80 分，总分为 350 分。控制项为基本项，达不到要求就失去参评资格；一般项、优选项为评分项，依据指标的要求对参评单位提供的材料进行评审打分。

《绿色仓库要求与评价》SB/T 11164—2016 将仓库划分为一星至三星 3 个等级，一星为最低，三星为最高。一星级绿色仓库要求达到 210 分以上；二星级绿色仓库要求达到 230 分以上；三星级绿色仓库要求达到 260 分以上。

为贯彻实施《绿色仓库要求与评价》行业标准，根据《绿色仓库要求与评价》行业标准的规定和要求，联合业内相关组织和专家，依托地方行业协会共同开展“绿色仓库等级评定”，成立了由全国相关行业组织的领导与相关专家组成的“中国绿色仓库等级评定委员会”，统一负责“绿色仓库等级评定”的组织领导工作；制定《绿色仓库等级评定办法》等相关办法，提出了“绿色仓库等级评定”的范围、对象、程序和具体内容。

5.5 实施应用

绿色仓储与配送是一个系统，在节能减排的方面有着巨大的潜力。比如，实施仓库屋顶光伏发电，每平方米分布式发电设备可年发电 45 度，如果利用全国 75％的仓库屋顶（约 5.5 亿 m^2）实施光伏发电，每年可发电 247.5 亿度电能，可以节约标准煤约一百万吨，减少碳排放 68 万吨，减少二氧化硫排放 8500 吨；如果全国 30%冷库应用节能新技术，每年可节电 61.1 亿度，可以降低碳排放 16 万吨，每年可以为企业创造效益 48.88 亿元；如果推广绿色的城市物流配送系统（共同配送），可以减少终端配送 85%的车辆进城次数，每年全国配送可以节油约 8.5 万吨，可以降低碳排放 7.1 万吨；绿色产品包装可实现循环使用和回收再利用；先进适用的绿色搬运与存储技术可以大幅度降低碳排放等。

绿色仓储配送是贯彻落实国务院《大气污染防治行动计划》的重要措施，是中国节能减排整体计划的重要组成部分。推动绿色仓储配送是实现中国对世界气候承诺的重要应对措施，是仓储业转型升级的一个重要方面，有利于提高我国现代仓储的质量，有利于现代仓储的持续发展，对仓储企业自身而言，推动绿色仓储配送也是企业节约仓库建设成本与仓储配送运营成本、提高企业经济效益的有效措施。

对绿色仓储与配送的系列技术与产品，研究制定《中国绿色仓储与配送技术与装备评估办法》，依据该办法组织专业技术机构对企业申报的各类产品进行对比测试，对于在绿色仓储领域能够显著实现节能降耗的技术与产品，列入“中国仓储与配送推荐目录”，企业在产品上可以粘贴“中国绿色仓储与配送”的 LOGO 标识。

目前，由企业自愿申报，经中国绿色仓库等级评定工作办公室初审并组织现场评审，重庆保时通物流园区、上海京东仓储基地、江苏苏宁云仓、苏宁云商西北电子商务运营中心、重庆苏宁物流基地符合标准及评定办法规定的三星级条件，被评定为最高三星级绿色仓库。

6 《绿色校园评价标准》

中国建筑科学研究院 田慧峰 林杰

6.1 编制背景

6.1.1 背景和目的

近年来，随着我国的经济飞速发展，社会不断进步，能源以及环保问题也日渐严峻。在能源消耗中，建筑领域是耗能的重要组成部分。我国目前是世界上最大的建筑市场之一。在建筑领域的能耗大约占全社会总能耗的50%，即包括建筑材料生产、建筑施工过程和建筑运营阶段等的能耗总和。作为基于可持续发展理念的建筑节能，势必能够在建筑产业发展与建设过程中的得到良好的发展。

校园是社会能耗的大户，也是节能减排的巨大潜力场所和示范基地。近些年，随着可持续发展的思想逐渐深入人心，我国的绿色建筑评估体系得到了快速的发展。然而与发达国家相比，我国并没有一套针对学校的建筑评估体系。此外，仍然有很多人并不是真正了解什么样的学校才称得上是绿色校园，认为绿色校园就是简单的绿化学校、环保学校。国内现有的一些绿色学校评估标准如江苏省绿色学校评估标准、上海市绿色学校评价指标与标准等更注重学校环境管理和环境教育。现有《绿色建筑评价标准》GB/T 50378不适宜针对校园进行可持续整体评价，现行《绿色建筑评价标准》GB/T 50378主要是针对单体建筑的评价，在用于校园类绿色建筑评价时，无法体现校园的园区性，同时存在较多无法参评的内容，降低了评价结果的合理性。现行标准评价体系设置无法体现学校自身的特点。为了进一步规范绿色校园建设，促进我国绿色校园的发展，由中国城市科学研究会会同有关单位编制了国家标准《绿色校园评价标准》（以下简称《标准》）。

6.1.2 工作基础

（1）国外标准

发达国家绿色校园的建设发展较早，制定了比较完善的绿色校园相关标准。《标准》编制前期主要参考了以下国外标准文件：

美国LEED for School：从可持续场地设计、水资源利用效率、能源与大气环境、材料与资源、室内环境质量、革新设计六个方面对学校建筑给予评分。

英国BREEAM Education 2008：从管理、健康与舒适、能源、交通、水、材料、废物、土地使用与生态、污染、创新10个项目，加入了权重体系和单项最低分值计算。

澳大利亚Greenstar Education V1：该计算工具从管理、室内环境质量、能源、交通、水、材料、土地使用与生态、排放、创新9个方面进行计算，应用于教育设施设计阶段伊始直到实施完工后两年的项目评价。

日本 CASBEE 学校建筑：在其大多数条目下同其他类型建筑共享相同的评价条款，而在某些条目下则有专门的条款，集中在室内环境和服务质量方面。

德国 DGNB 专项版本标准：在包含了生态质量、经济质量、社会文化和建筑功能质量、技术质量、过程质量、场地质量 6 类别 52 分项。

这些标准规范为《标准》编制提供了重要借鉴。

（2）国内标准

迄今为止，我国还没有对绿色校园评价的相关标准，《标准》所参考的国内相关标准有《绿色建筑评价标准》GB/T 50378—2006 中的公共建筑评价体系、住宅评价体系、《中小学校设计规范》GB 50099—2011、《公共建筑节能设计标准》GB 50189—2005、《绿色奥运建筑评估体系》、《中国生态住宅技术评估体系》、《高等学校校园建筑节能监管系统建设技术导则》、《高等学校校园建筑节能监管系统运行管理导则》、《高等学校校园建筑能耗统计及审计公示办法》、《高等学校校园设施节能运行管理办法》、《高等学校节约型校园指标体系及评价考核办法》（建科〔2009〕163 号）、《普通高等学校建筑规划面积指标（92 指标）》、《高等学校节约型校园建设管理与技术导则（试行）》（建科〔2008〕89 号）。这些标准为《标准》的技术内容提供了重要的支撑。

6.2 编制工作

（1）《标准》编制组于 2014 年 4 月在北京召开了成立暨第一次工作会议，《标准》编制工作正式启动。会议讨论并确定了《标准》的定位、适用范围、编制重点和难点、编制框架、任务分工、进度计划等。会议形成了《标准》草稿。

（2）《标准》编制组第二次工作会议于 2014 年 7 月在山东召开。会议讨论了第一次会议后的工作进展、进一步讨论了《标准》各章节的总体情况、重点考虑的技术内容以及《标准》的具体条文等方面内容，强调绿色校园技术的广泛适用性，尽量适用于不同地区、不同建筑类型、不同系统形式等。会议形成了《标准》初稿。

（3）《标准》编制组第三次工作会议于 2015 年 4 月在苏州召开。与会专家就不同类型的学校绿色校园现行标准评价指标及内容、各章节框架、指标体系、权重分配、标准条文等内容进行了深入交流和探讨，条文进行进一步的梳理，更加具有可行性及符合相关的学校特征。会议形成了《标准》征求意见。

（4）《标准》征求意见。在征求意见稿定稿之后，编制组于 2016 年 1 月 7 日向全国建筑设计、中小学校、中等职业学校及高等学校等相关的单位和专家发出了征求意见。在主编单位的组织下，编制组对返回的这些珍贵意见逐条进行审议，各章节负责人组织该章专家通过电子邮件、电话等多种方式对《标准》征求意见稿进行研讨，多次修改后由主编单位汇总形成《标准》送审稿。

（5）《标准》审查会议于 2016 年 10 月 26 日在北京召开。标准编制负责人吴志强教授以及《标准》编制组成员参加了会议。会议成立了以中国城科会绿色建筑委员会王有为主任委员为审查组组长，中国城市规划设计研究院李迅副院长、清华大学建筑学院栗德祥教授为副组长的审查专家组。审查专家组认真听取了《标准》主编吴志强教授就标准编制的背景、工作情况以及标准的主要内容和确定的依据所做的汇报，并对《标准》送审稿进行了逐章、逐节、逐条的审查。最后，审查委员会一致同意《标准》通过审查。建议编制组按照审查会议提出的意见和建议，对《标准》送审稿进一步修改和完善，尽快形成报批稿上报主管部门审批。

6.3 主要技术内容

《标准》对绿色校园的定义为：为师生提供安全、健康、适用和高效的学习及使用空间，最大限度地节约资源、保护环境、减少污染，并对学生具有教育意义的和谐校园。校园是学生教育的重要基地，创建良好的校园环境，对于学生的培养和健康成长具有重要意义，因此绿色校园的创建是今后学校发展的重要方向。

《标准》适用于中小学校、中等职业学校和高等院校，绿色校园的评价对象为单个校园或学校整体，主要针对既有校园的实际运行情况进行评价。《标准》的主要内容包括中小学校评价体系和中等职业学校及高等学校评价体系两个体系。具体内容包括：总则，术语，基本规定，中小学校，中等职业学校及高等学校，特色与创新。其中第 4、5 章评价标准体系是标准的重点内容，均包含 5 类评价指标：规划与生态、能源与资源、环境与健康、运行与管理、教育与推广。各类评价指标技术内容如表 2-6-1 所示，规划与生态主要针对的绿色校园技术包括土地利用、规划布局、交通设施；能源与资源包括节能与能源利用、节材与材料资源、节水与水资源；环境与健康主要包括绿色校园室内环境、校园环境、健康保障；运行与管理主要包括绿色校园管理制度、管理技术、环境管理；教育与推广主要针对绿色校园推广制度、教育团队、绿色教育。每类指标均包括控制项和评分项。每类指标的评分项总分为 100 分。评价指标体系还统一设置加分项。绿色校园评价等级分为一星级、二星级、三星级 3 个等级。3 个等级的绿色校园均应满足标准所有控制项的要求，且一星级、二星级、三星级绿色校园的总得分分别不应低于 50 分、60 分、80 分。

中小学校、中等职业学校及高等学校技术目录 **表 2-6-1**

指标 \ 学校			中小学校	中等职业学校及高等学校
规划与生态	控制项	选址	*	*
	土地利用	容积率	*	*
		绿地率	*	*
		人均公共绿地面积	*	*
		地下空间	*	*
	规划布局	场地安全	*	*
		日照标准	*	*
		风环境	*	*
		生态保护补偿	*	*
		绿色雨水设施	*	*

续表

指标 \ 学校			中小学校	中等职业学校及高等学校
规划与生态	交通设施	公共交通网络	*	*
		停车场所	*	*
		公共服务设施	*	*
能源与资源	控制项	节能设计标准	*	*
		水资源利用方案	*	*
		建筑材料	*	*
	节能与能源利用	生均能耗	*	*
		可再生能源	*	*
		余热废热利用	*	*
		系统和设备能效优化	*	*
	节水与水资源	管网漏损	*	*
		生均用水	*	*
		用水计量		*
		绿化灌溉	*	*
		雨水回用	*	*
	节材与材料资源	建筑形体规则	*	*
		结构优化	*	*
		绿色建材和本地建材	*	*
		可循环利用材料	*	*
环境与健康	控制项	环境噪声	*	*
		室内噪声级	*	*
		构件隔声性能	*	*
		空气污染物浓度	*	*
		实验室安全		*
		禁烟	*	*
	室内环境	采光系数	*	*
		照明数量质量	*	
		热湿环境	*	*
		混响时间	*	*
		室内空气质量监控	*	*
	校园环境	地表水环境质量	*	*
		热岛强度	*	*
		乡土植物	*	*
		绿化方式	*	*
	健康保障	医疗卫生	*	*
		健康教育、监测与控制	*	*

续表

指标 \ 学校			中小学校	中等职业学校及高等学校
运行与管理类	控制项	运行管理制度	*	*
		垃圾管理制度	*	*
		污染物排放	*	*
	管理制度	管理激励机制	*	*
		突发事件预案与预警机制	*	*
	管理技术	设施检查调试优化	*	*
		能耗监控	*	*
		智能化系统	*	*
		信息管理系统	*	*
	环境管理	病虫害防治	*	*
		垃圾站（点）	*	*
		废弃物控制排放及回收	*	*
教育与推广	控制项	年度工作计划	*	*
		工作落实机制	*	*
	推广制度	中长期规划	*	*
		绿色校园信息公开化及宣传制度		*
		绿色校园专题活动		*
		绿色校园奖励经费		*
		绿色教育课程	*	*
		绿色技术研发		*
		绿色校园主题活动		*
		绿色校园推广活动		*
		绿色校园文化	*	
	教育团队	绿色教育推广网络	*	
		教师绿色教育推广	*	*
	绿色教育	学生绿色教育	*	
		竞赛交流	*	*

6.4 关键技术及创新

（1）定位和适用范围

《标准》编制前期对我国校园发展现状和适用的绿色技术进行了充分调研，结合我国国情吸取了国外较为成熟的绿色校园评价标准的实施经验，涵盖了国内相关标准规范的相关适用技术，体现了我国绿色校园的建设特点和发展需要。《标准》针对学校整体建筑、环境进行条文设置，强调运行和教育等学校特点，具有较强的合理性与针对性。标准涵盖因不同地域、不同经济条件采用的生态技术措施的评价条文，契合中国学校建设情况，体现了评价结果的公正性，使标准更加具有广泛推广使用的价值。

（2）国外标准对比

我国《绿色校园评价标准》与国际先进评价体系在对绿色校园内涵的理解上具有高度的一致性，指标范围均涉及节地、节能、节水、节材、室内环境、室外环境和交通七个方面，如表 2-6-2 所示。但在评价体系的框架结构、指标范围和评价方法方面均存在一定差异，标准的设置更符合我国的国情，有利于我国绿色校园的发展。

国外标准对比 **表 2-6-2**

名称	LEED for Schools	BREEAM Education 2008	绿色校园评价标准
颁布国家	美国	英国	中国
颁布时间	2007	2008	报批稿
指标类别	7 类：可持续场地设计、水资源使用效率、能源与大气环境、材料与资源、室内环境质量、创新设计、地方优先权	10 类：管理、健康与舒适、能源、交通、水、材料、废弃物、土地使用与生态、污染、创新	6 类：规划与生态、能源与资源、环境与健康、运行与管理、教育与推广、特色与创新
指标数量	62	83	中小学校：86 中等职业及高等学校：87
必备项数	10	14	中小学校：17 中等职业及高等学校：16
认证等级	认证级、银奖级、金奖级、白金奖级	通过、好、很好、优秀、卓越	一星级（★）、二星级（★★）、三星级（★★★）

（3）国内标准对比

如表 2-6-3 所示，整体比较而言，《绿色建筑评价标准》GB/T 50378—2014 的评分标准对于学校类项目的评价要求低于《绿色校园评价标准》，《标准》对于绿色学校的创建要求更高，同时针对性也更强，更加符合我国当前中小学校、中等职业和高等学校的特点，有利于我国绿色校园的可持续发展。

国内标准对比 **表 2-6-3**

名称	《绿色建筑评价标准》GB/T 50378—2014	绿色校园评价标准
评价方法	评分制，设权重体系	评分制，设权重体系
评价阶段	设计阶段＋运行阶段； 每个阶段区分公共建筑＋居住建筑设置权重值	仅运行阶段的评价，设计阶段只作预评价； 区分中小学校、中等职业和高等学校两大类设置权重值
指标类别	8 类：节地与室外环境、节能与能源利用、节水与水资源利用、节材与材料资源利用、室内环境质量、施工管理、运营管理、特色与创新	6 类：规划与生态、能源与资源、环境与健康、运行与管理、教育与推广、特色与创新
认证等级	一星级（★）、二星级（★★）、三星级（★★★）	一星级（★）、二星级（★★）、三星级（★★★）

（4）其他

①《标准》基于中小学校和职业学校及高等学校的实际特点，提出了规划与生态、能源与资源、环境与健康、运行与管理、教育与推广五个方面的评价。

②《标准》技术体系完整、技术内容全面、技术依据充分、指标科学合理，体现了以人为本、绿色发展的理念，为绿色校园的评价提供了依据，促进了我国绿色校园的建设，将具有良好的社会效益和经济效益。

审查委员会一致认为，《标准》具有科学性、适用性、可操作性、创新性，填补了我国绿色校园评价标准的空白，总体达到国际先进水平。

6.5 实施应用

本《标准》是在广泛调研各类中小学校、中等职业学校、高等学校案例，把国外标准进行翻译整理，参考借鉴国内外相关标准的基础上，深入结合中国的中小学校、中等职业学校、高等学校的实际特点编制而成的。《标准》内容全面、结构合理，结合了节能与能源利用、运行管理和教育推广等内容的评价，特别是提出了“教育推广”内容的评价细则，是完全贴合学校特征的，硬质评价与软质评价相结合，具有很大的实用价值，是可适用、可操作的。同时也可以看出，《标准》涵盖了中小学校、中等职业学校、高等校园的学校评价内容，技术内容合理，技术依据充分且成熟，全面贴合学校的特征，有助于学校的绿色校园发展建设举措的进一步完善。

本《标准》是一项技术标杆的测评，也是不断对学校的建设者、管理者、使用者提出了倡导“绿色”行为和建立“绿色”观念引导性的建议，希望在后续通过实际评价，不断积累经验和基础数据，通过示范项目进行试点实践，通过学生带动整个社会的可持续发展，建立全民的可持续价值观。

第三篇　技术与产品

1　绿色建筑模拟方法与应用

清华大学　林波荣

随着我国城市化的高速发展，在2020年前我国每年城镇新建建筑的总量将持续保持在10亿m^2/年左右，在今后15年间新增城镇民用建筑面积总量将为150亿m^2。

根据IEA ANNEX-30的“模拟走向应用”研究，绿色建筑性能的优化途径很大一部分取决于规划设计阶段，40%以上的节能潜力来自于建筑方案初期的规划设计阶段。另一方面，尽管目前我国建筑设计行业计算机辅助设计软件的应用虽然已经普及，但建筑、结构、暖通空调、电气等专业等彼此间脱节，分析计算和优化手段落后的现象还是比较普遍，很难全面贯彻绿色建筑全过程设计、集成化和精细化设计的理念。

针对以上现状，由清华大学统筹、北京市建筑设计研究院和上海市建筑科学研究院（集团）有限公司共同参与，在“十二五”期间，研究绿色建筑的设计新理论与方法、开发绿色建筑设计优化新技术、开发绿色建筑模拟辅助设计软件标准集成化平台，开发面向方案阶段的绿色建筑性能参数化设计新方法及交互式软件平台，实现对绿色建筑性能模拟软件的标准化比较、验证和规模化推广应用工作，为绿色建筑的规模化、高品质发展提供从设计源头开始的全面技术支撑和保证。

1.1　前期工作

（1）绿色建筑性能目标的参数化设计

目前在建筑参数化设计中使用的控制法则过于侧重于建筑形体的变化，缺少内在的逻辑策略以及对于功能、性能的控制。而如果能将绿色建筑的理念引入，在建筑规划设计方案中就将建筑的绿色性能指标如能耗、水耗、资源消耗的最低以及环境品质的最高作为设计的控制法则，开发相应的技术体系和软件应用平台，并与建筑信息模型系统（BIM）相结合，则可能将建筑参数化设计与绿色目标统一，实现理性指导建筑体型参数化、建筑表皮、细部参数化的设计优化，并为绿色建筑性能参数化设计开发出一条新的方向。

（2）基于能耗、材料消耗的绿色建筑反设计方法

为了实现建筑性能目标的参数化设计，可以通过研究建筑能耗与设计参数的关系，以及对建筑方案的生成结果的选择方法来实现。这需要一个简单的建筑能量设计方法，该方法必须快速、容易操作，方便设计者可以在非常短的时间内研究、比较更多的方案。同时，这种方法还要适应方案阶段信息量少的特点。由于建筑方案阶段已知条件少，所以节能设计时可用于优化比较的不同方案很多。此时，采用详细模拟软件对这些不同方案进行建模和比较分析显然是不现实的。因此，若要量化分析建筑的能耗水平，需建立快速的能

量需求预测模型。在得到了建筑整体能量需求的预测模型后，设计者便可以自行拟定一系列备选方案，分别进行筛选，从而对方案进行选择优化。

(3) 建筑性能模拟软件标准化数据交换平台

近年来，基于绿色建筑精细化设计和全过程管控的理念和需求，新的全过程协同规划设计的技术体系开始在我国一线城市、重点项目或大型设计单位中得以应用。包括，涌现出可综合通风、采光、能耗、设备系统等进行辅助优化设计的国外软件工具，如 IES、DesignBuilder、Ecotect 等。二维协同设计工具全面推广，重点先行地区如北京、上海、深圳等地的大型设计单位开始尝试使用基于建筑信息模型（BIM）理念的三维设计，以被动技术优先、主动技术为辅的基本技术策略思路得到共识。

(4) 三维模拟软件的绿色建筑性能分析插件

建筑设计常用的三维建模软件如 SketchUp、Revit、3DMAX、Rhino 等由于其很好的可拓展性拥有大量插件，仅 SketchUp 的插件目前就有 600 多项。而 Rhino 拥有诸如 Grasshopper 等辅助参数化建筑设计的大型插件。然而，三维建模软件庞大的插件库中，绿色建筑性能分析的插件却几为空白。得益于这些三维建模软件在我国庞大的使用群体及对应于早期设计的特性，在这些三维模拟软件上建立并绑定针对建筑性能的绿色建筑插件以及基于建筑能耗、材料消耗的参数化反设计前置插件势必会大幅提升我国建筑设计人员，尤其是方案建筑师的绿色建筑设计水平。

1.2 主要技术内容

1.2.1 基于能耗、主要材料消耗的绿色建筑参数化反设计方法研究

提出绿色建筑的性能优化的正向计算和反向设计优化流程。在绿色建筑性能优化设计流程的基础上，从参数化建模过程与节能设计结合机制、方案阶段节能设计特点、现有辅助节能设计工具几个方面进行了资料调研和参数化典型案例分析，建立了建筑参数化双向设计优化方法，为建筑性能设计优化软件提供方法支撑。

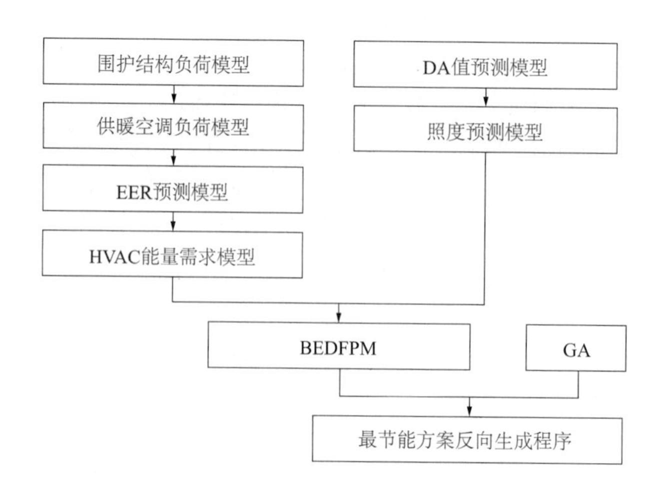

图 3-1-1 逆向优化节能建筑生成程序算法理论框架

1.2.2 建筑性能模拟软件标准化数据交换平台研究

在信息化技术快速发展的今天，二维模型平台在绿色建筑的应用方面存在许多应用局限。三维计算机辅助设计技术已经成为目前改革的必然趋势之一。BIM 建筑信息模型（Building Information Modeling）是目前而言最为先进的三维建筑设计技术和理念，也为绿色建筑的综合应用提供了数据和软件基础。

研究依托设计院常用设计软件与辅助设计软件，首先针对 IFC、RVT、SKP 和 3DS 等几个主要数据格式进行了分析和梳理，针对各自的数据类型和特点，按照制定的数据转换原则，给出数据导入导出的接口平台或软件，并在一些具体项目中对部分数据格式进行了转换实践。

1.2.3 绿色建筑常用模拟软件的准确性和标准化应用方法研究

由于绿色建筑强调建筑性能的定量化评价，因此现有标准中尽管部分涉及绿色性能指标的计算，但是无法满足要求，主要表现在：基本上为沿袭国家相关绿色建筑标准规范，没有对绿色建筑性能指标的模拟计算方法进行规范化；在专业性技术标准中包含一些计算的要求，但依然不能满足规范化和统一的要求。因此，基于绿色建筑性能模拟的标准化研究成果，编制了工程建设行业标准《民用建筑绿色性能计算规程》。针对目前现行标准体系的不足，以及模拟应用的现状问题，从场地与室外物理环境、节能、室内环境品质几个方面提出了不同性能模拟的标准化规定。标准中针对各项建筑性能模拟，从模拟软件、输入参数、工况设置、建模要求、边界条件和输出结果等方面进行了详细的规定，为模拟的规范化应用提供标准依据。

1.2.4 方案设计阶段绘图软件的快速模拟插件开发研究

基于方案阶段的建筑参数化设计优化方法，即自主研发的建筑整体能量需求预测模型＋多岛遗传算法，利用 Ruby 语言在 SketchUp 操作界面上进行二次开发，完成了国内首个基于 Sketchup 开发的多目标性能模拟软件。软件能够实现：①建筑模型的“一模多用”，模型能够转换为多种常用性能模拟软件计算所需要的数据格式，从而大幅度减少实际工作中“一模多建”所消耗的时间。②软件能够快速执行建筑能耗、天然采光、热体形系数的模拟计算，“即绘即模拟”的性能优化过程，能够强化用户和软件之间的交互，性能模拟结果可以实时地反馈给用户，辅助用户不断地调整设计方案。建筑能耗各分项拆分和自动分析，可为设计者找到节能关键环节，为方案修改完善提供指导。③软件能够在建筑方案不确定的情况下，调用遗传算法，实现以建筑整体能耗最低为目标的建筑方案反向生成，以供用户进行选择。

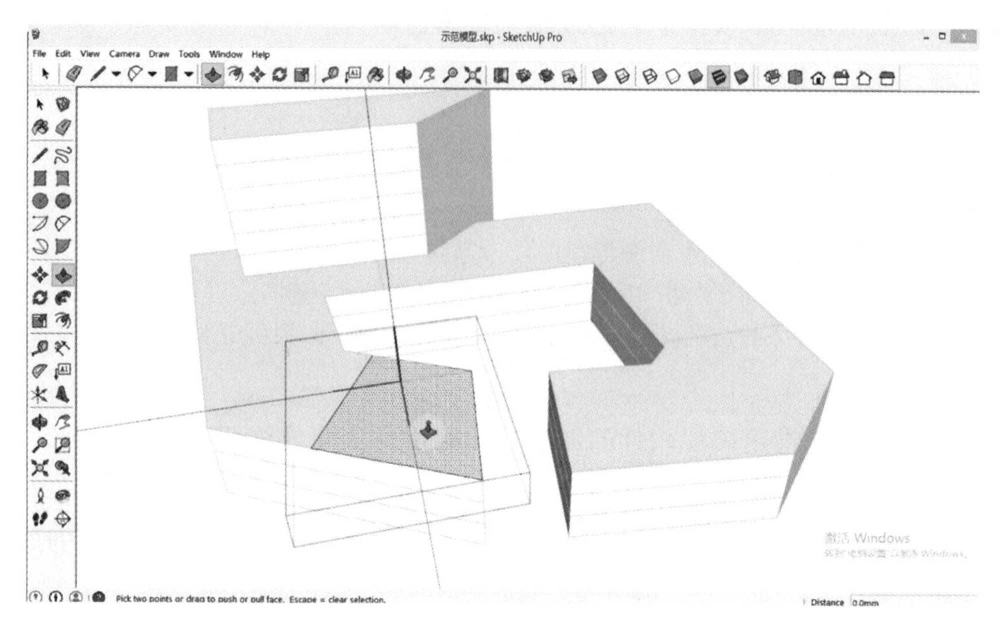

图 3-1-2　MOOSAS 建模过程

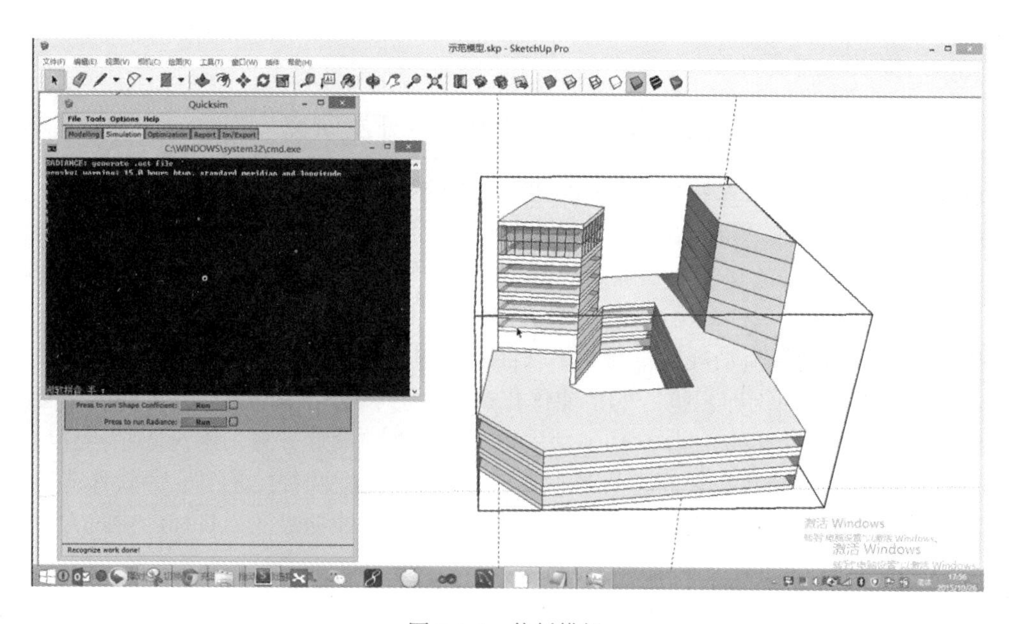

图 3-1-3　能耗模拟

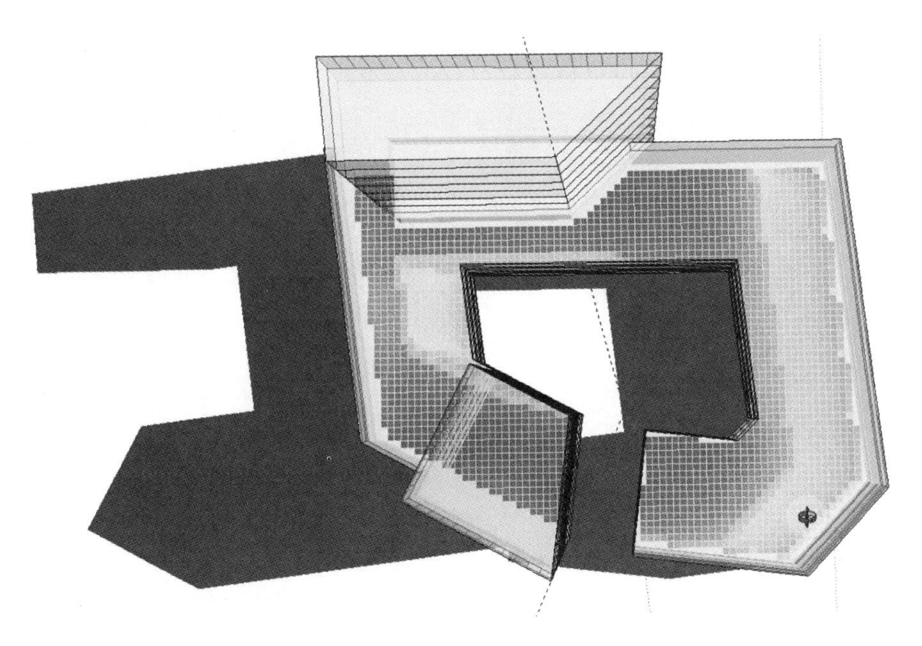

图 3-1-4　天然采光模拟

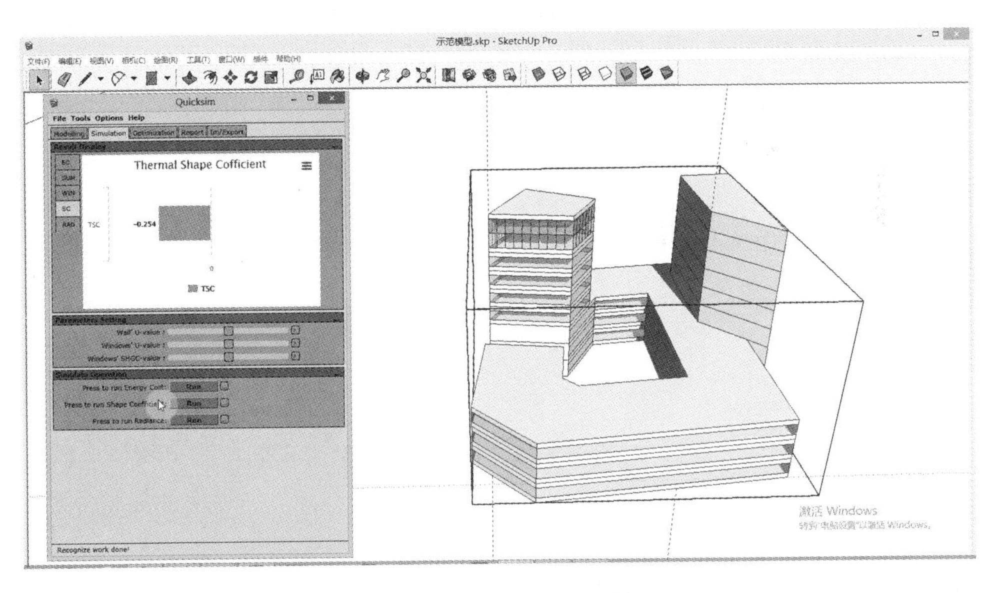

图 3-1-5　热体形系数计算

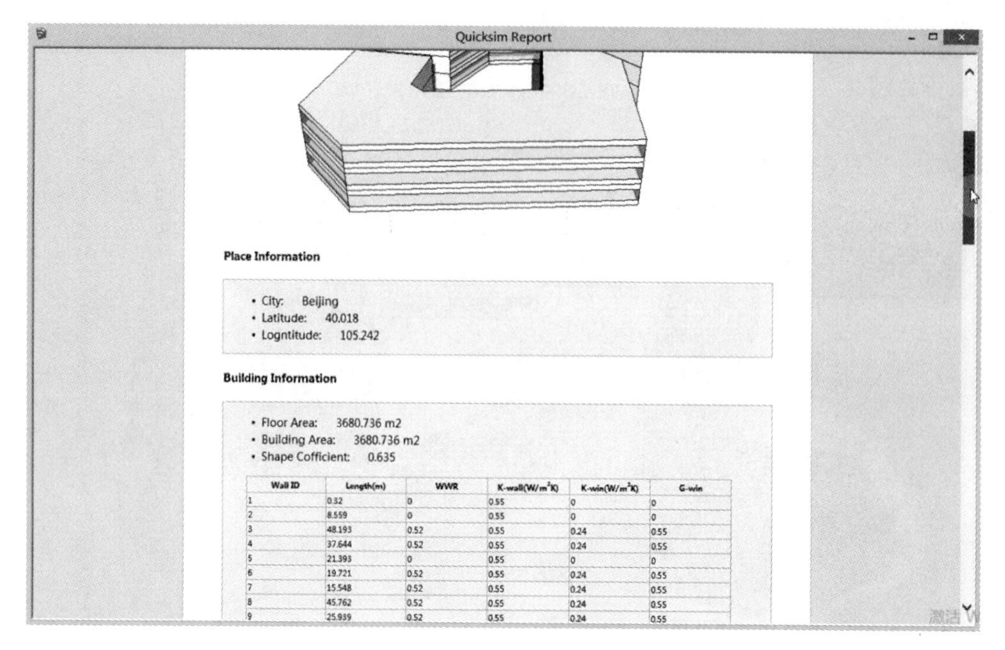

Quicksim Report

Place Information

- City: Beijing
- Latitude: 40.018
- Logntitude: 105.242

Building Information

- Floor Area: 3680.736 m2
- Building Area: 3680.736 m2
- Shape Cofficient: 0.635

Wall ID	Length(m)	WWR	K-wall(W/m^{2}K)	K-win(W/m^{2}K)	G-win
1	0.32	0	0.55	0	0
2	8.559	0	0.55	0	0
3	48.193	0.52	0.55	0.24	0.55
4	37.644	0.52	0.55	0.24	0.55
5	21.393	0	0.55	0	0
6	19.721	0.52	0.55	0.24	0.55
7	15.548	0.52	0.55	0.24	0.55
8	45.762	0.52	0.55	0.24	0.55
9	25.939	0.52	0.55	0.24	0.55

图 3-1-6　生成报表

1.3　成果创新

成果 1：提出了性能导向的绿色建筑设计优化方法，研发了方案阶段建筑性能设计优化软件，已获得计算机软件著作权 2 项：①建筑方案多目标优化软件（MOOSAS），②节能方案优化软件（MEESG）。

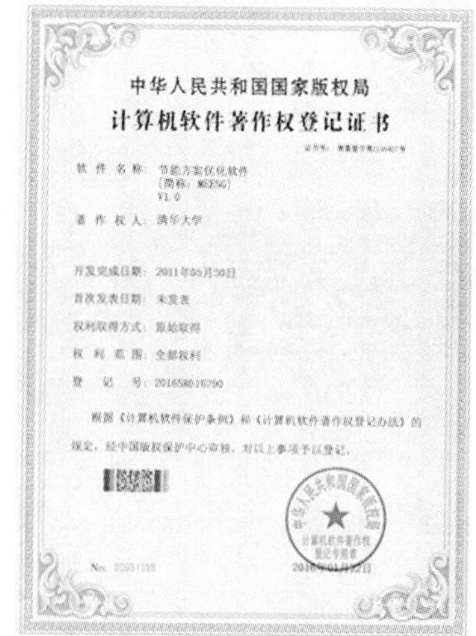

软件著作权：MOOSAS　　软件著作权：MEESG

图 3-1-7　软件著作权

提出了一种以性能目标为导向的方案阶段建筑设计优化方法，并基于建筑三维建模软件 Sketchup 开发了方案阶段建筑性能设计优化软件，实现了建筑方案的“一模多用”，正向的“即绘即模拟”和反向生成。

目前，该方法和软件已在4个大型甲级设计院和6个示范工程中进行应用，取得了定量的节能效果。软件已申报软件著作权，并通过软件测试。

（1）提出了面向方案阶段的建筑参数化设计优化方法：

根据查新报告结论，“有关面向建筑方案的节能设计研究，见有文献提及，但涉及本项目所述特点的面向方案阶段的建筑参数化设计优化方法，在所检文献以及时限范围内，除本项目外，国内外未见相同文献报道。”

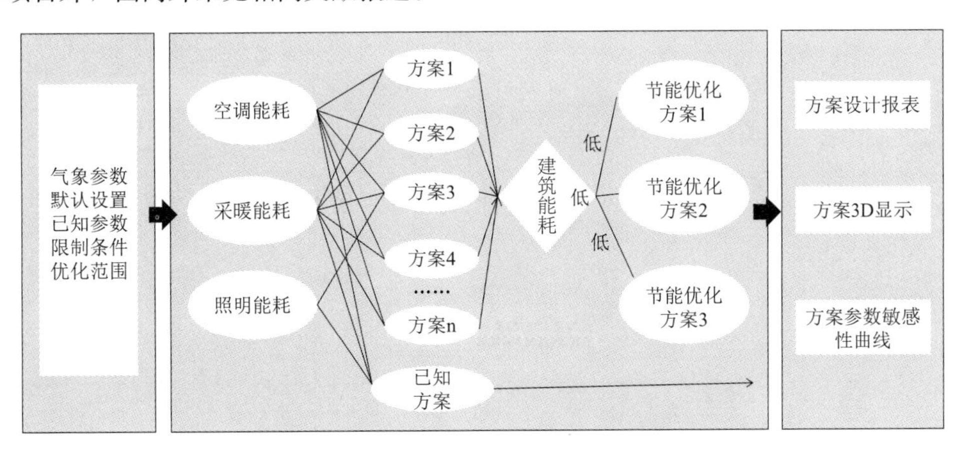

图3-1-8　节能方案生成程序结构图

（2）研发了方案阶段建筑性能设计优化软件

根据查新报告结论，“方案设计阶段建筑能耗预测和节能设计优化工具，国内外见有文献报道。但综合本项目所述基于Sketchup平台的快速建模工具，采用具有自主知识产权的能耗预测模型，能实现建筑供暖空调及照明能耗预测，最低能耗建筑多方案体型生成系统，建筑天然采光的即绘即模拟。用于评价被动节能效果的建筑热体形系数计算，自动报表及性能优化建议等功能的方案阶段一模多用的建筑性能设计优化软件，在所检文献以及时限范围内，国内外未见文献报道。”

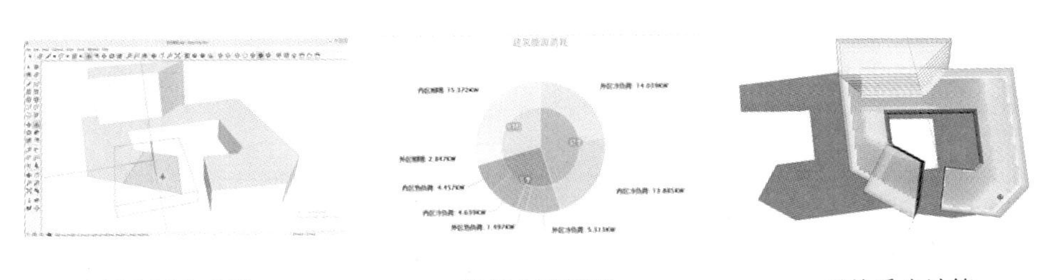

MOOSAS建模　　　　能耗分项模拟　　　　天然采光计算

图3-1-9　MOOSAS软件平台

成果2：绿色建筑常用模拟软件的准确性和标准化应用方法研究

标准3项：

（1）《民用建筑绿色性能计算规程》征求意见稿

（2）《北京市绿色建筑设计标准》DB 11/938—2012

（3）《建筑环境数值模拟技术规范》DB31/T 922—2015

专著 2 部：

（1）《绿色建筑性能模拟优化方法》

（2）《环境生态导向的建筑复合表皮设计策略》

表 3-1-1　3 项标准

《民用建筑绿色性能计算规程》征求意见稿	《北京市绿色建筑设计标准》	《建筑环境数值模拟技术规范》

表 3-1-2　2 部专著

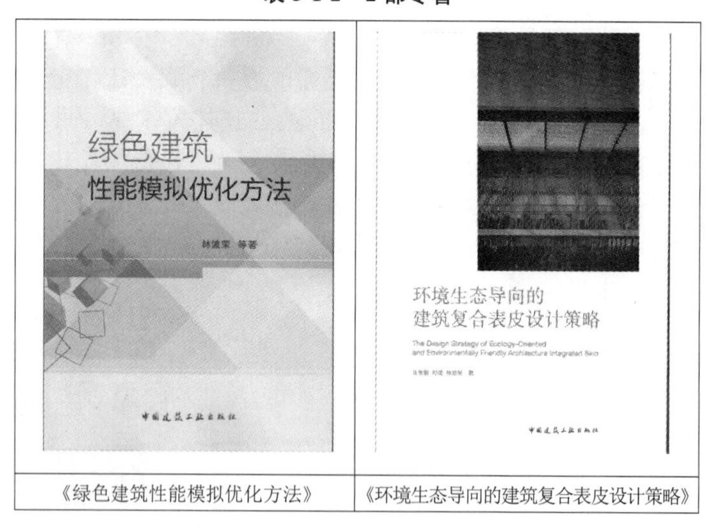

《绿色建筑性能模拟优化方法》	《环境生态导向的建筑复合表皮设计策略》

相关研究成果在本领域顶级国际会议连续获最佳论文奖，包括国际建筑性能模拟大会 Best Poster Paper Award 第 1 名（250 多篇选 3 篇）（法国，Chambery，2013. 8）、亚洲建筑性能模拟大会 Best Paper Award（100 篇选 2 篇）（日本，名古屋，2014. 11）、SuDBE2015 Best Student Presentation（英国，雷丁大学）。

成果 3：建筑性能模拟数据标准化交换平台

导则 2 个：

（1）《模拟技术辅助建筑全过程设计应用导则》

（2）《BIM 项目实施导则》

表 3-1-3　2 个导则

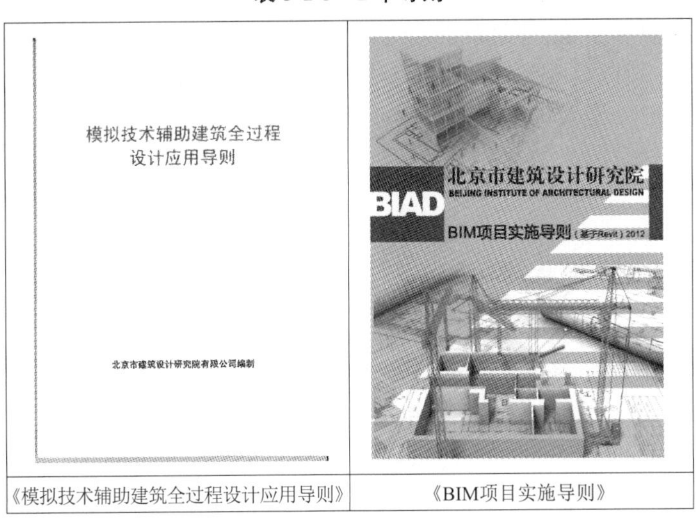

《模拟技术辅助建筑全过程设计应用导则》	《BIM项目实施导则》

本项目结合大型甲级设计院实践需求，开展了以下创新性工作：

（1）建立了常用建筑设计软件性能模拟接口及标准化设计流程

整理了目前常用的软件厂商提供的二维、三维建筑设计主流软件以及与这些设计软件对应的建筑性能设计软件，分析了这些软件之间能够相互对接的接口，通过通用的接口转换列表，实现设计流程中这些主流软件和其相关操作的标准化，并以此为基础确定了通用并适宜的标准化的格式和流程。针对 IFC、RVT、SKP 和 3DS 等几个主要数据格式进行了分析和梳理，针对各自的数据类型和特点，按照制定的数据转换原则，给出数据导入导出的接口平台或软件，对部分数据格式进行了转换实践。

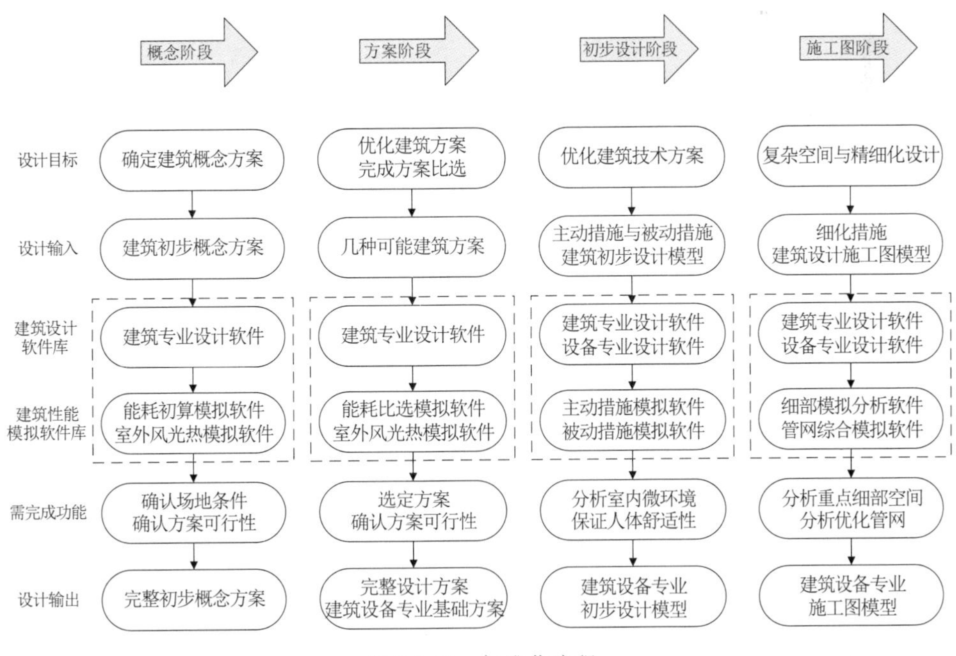

图 3-1-10　标准化流程

(2) 建立基于 BIM 技术的设备参数化数据库

调研了目前数据库及信息模型构件的发展现状，提出建立了 BIM 参数化设计数据库的基础软件平台，同时结合设备专业的特点，整合参数化模型构件的特征，并开发了部分典型构件，利用数据库技术构建了设备专业模型构件的数据库架构，并结合实际工程进行了构件数据库的工程应用。

图 3-1-11　数据库构件预览

1.4　实施应用

本项目技术成果已直接成功应用于 8 项工程建设项目，应用于 4 家国内大型甲级建筑设计院。

(1) 北京理工大学国防科技园办公楼。项目在设计阶段，对建筑设计参数进行了计算机模拟优化。项目使用 Autodesk REVIT 软件，进行初设阶段及施工图阶段全过程、全专业三维协同设计，并搭建三维构件数据库平台及相关技术流程文件。实现了设计效率提高、建筑性能优化等多项设计目标。

(2) 北京市朝阳区 CBD 核心区 Z15 地块项目（中国尊大厦）。项目在工程设计阶段，对建筑体型、表皮、空间平面进行了计算机模拟优化，对建筑供暖、空调和照明负荷以及室内外物理环境进行了模拟优化，并建立了全过程全专业 BIM 设计平台。该项优化工作比国外公司的方案，实现供暖空调负荷降低约 25%，节约能耗 1000 万 kWh/年，降低装机容量 3650kW。

(3) 国电新能源技术研究院。项目在设计阶段充分运用了清华大学等单位研究开发的性能目标导向的绿色建筑设计优化技术，对建筑体型、室内外环境及空调照明能耗进行了计算机模拟优化。

（4）方兴梅溪湖绿色建筑展示中心。项目在工程设计阶段，对建筑体型、表皮、空间平面进行了计算机模拟优化，对建筑供暖、空调和照明负荷以及室内外物理环境进行了模拟优化，提升了建筑的室内环境品质，降低了建筑的能源消耗和碳排放值，项目的碳排放值为 $68kg/m^2 \cdot a$，相较于同气候区同类建筑降低约30%。

（5）武进绿色建筑研发中心维绿大厦。项目在工程设计阶段，充分运用了研究过程中形成的技术标准，对建筑体型、表皮、空间平面进行了计算机模拟优化，对建筑供暖、空调和照明负荷以及室内外物理环境进行了模拟优化，提升了建筑的室内环境品质，其中光环境品质达标率为78.4%（高于同期执行的国家标准），降低了建筑的能源消耗，项目的一次能耗节能率为30.7%（相对于标准所规定的节能建筑）。

（6）北京军区天津疗养院康复医疗综合楼。项目在工程设计阶段，充分运用了研究过程中形成的技术标准，对建筑体型、表皮、空间平面进行了计算机模拟优化，对建筑供暖、空调和照明负荷以及室内外物理环境进行了模拟优化，提升了建筑的室内环境品质，降低了建筑的能源消耗，项目夏季能耗预计降低20%～25%，室内主要空间自然采光达标率提高约23%。

（7）中国博览会会展综合体。项目应用了“方案阶段建筑性能模拟优化技术”对建筑方案的采光、通风、围护结构和空调系统等进行了优化设计，并在方案、扩初和施工图阶段全面介入，有效促进了建筑方案的绿色生态设计。

（8）东莞生态园办公楼。根据整合设计思路选择绿色建筑技术时，主张被动技术优先，利用主动技术承担余下的建筑节能问题，最终实现生态和经济的双赢。通过设计前期量化气候分析得出主要的绿色被动设计技术措施，从规划布局层面、单体设计层面、构造（细部）设计层面等角度考虑绿色建筑被动设计的技术方法。项目基于方案阶段和设计阶段的体型、遮阳和自然通风、室内热舒适模拟，调整了建筑朝向和体型方案，强化自然通风降温功能，提高围护结构隔热性能和采用先进的空调设备，能耗相应减少65%。

2 绿色建筑评价工具及在线申报系统

中国建筑科学研究院上海分院 马素贞 范世锋 刘剑涛 张永炜 田慧峰

《绿色建筑评价标准》GB/T 50378—2006 是我国第一本绿色建筑评价标准，于 2011 年启动标准的修订工作，并于 2014 年 5 月底正式发布了新版国标（GB/T 50378—2014），该标准对积极引导社会大力发展绿色建筑具有十分重要的意义。针对我国绿色建筑发展现状，通过对当前的评价指标进行研究，明确当前评价指标体系存在的主要问题，对不同类型的建筑进行调研，与当前绿色建筑评价指标相结合，找出现有指标的不足及缺陷，进而一方面提出一些新的指标，另一方面对现有某些指标的计算方法和限值规定进行完善，并开发与绿色建筑评价标准配套的绿色建筑评价工具软件，开放数据接口，可与各类绿色建筑专项分析软件进行衔接，有效的指导设计人员和绿色建筑从业人员完成标准条目的计算分析、评价和资料整理等工作。

目前中国城市科学研究会绿色建筑研究中心、绿色建筑标识管理办公室已尝试或开始采用在线的方式进行项目评审，地方层面包括北京市、上海市、江苏省在内的若干省市已经在使用或着手研发在线申报评审系统。绿色建筑项目管理的信息化成为提升质量、兼顾效率的必然选择。利用信息化平台，做好绿色建筑项目在线评审和管理工作，是推动我国绿色建筑发展的重要举措。

2.1 绿色建筑评价工具

2.1.1 研发目标

评价工具实现了以《绿色建筑评价标准》GB/T 50378—2014（以下简称《标准》）为依据，具有对绿色建筑工程进行评价分析的基本功能，并可以在评价过程中以专项模拟辅助设计和产品案例库动态关联的方式为用户提供设计支柱。软件为用户提供了完善的绿色建筑相关技术知识库系统，并收集了国内外典型绿色建筑案例。该软件不仅仅是一个绿色建筑的评价分析工具，由于其先进的软件构架和知识库设计，更是一个引导设计师完成绿色建筑设计的专家系统。在上述特点基础上，软件还提供了因地制宜的绿色建筑技术路线解决方案，在开始设计之初即已帮助设计师确定了其设计方向，最大化的节省设计时间和增量成本。

2.1.2 研发思路

本软件的主要研究内容将围绕着《标准》在软件中实现所需解决的重点、难点问题进行，重点研究下列问题：

（1）建立与建筑区域相关联的数学模型

绿色建筑评价中，一些关键指标的计算以及一些模拟工作需要对建筑群体进行模拟，而以往的专项分析软件仅针对建筑单体进行。因此需要整理出与建筑区域有关的数据，并在绿色建筑评价工具软件中建立相关数学模型，实现对区域数据的自动提取和二次计算。

（2）实现建筑模型与具体条文评价的相关性

绿色建筑设计软件将实现大部分数据的数字化，并实现与评价条文的联动，避免绝大部分数据需要用户手工填写的繁琐工作。

（3）归纳整理技术路线、配套措施以及增量成本

针对《标准》的评价体系，整理出所有技术措施的属性，包括增量成本、区域适用性、对目标星级的贡献程度、对施工的影响程度、使用条件、与其他技术措施的配套使用情况等。在此基础上，针对《标准》对不同星级的分数要求，整理出不同地区、不同类型建筑、不同增量成本下的技术路线组合方案。

（4）整理报审文件清单与模板

在绿色建筑研究中心现有报审文件模板的基础上，根据《标准》要求及软件实现程度进行调整，形成《标准》要求下的报审文件清单和模板，尽可能实现用户进行少量输入或者不输入。

2.1.3 主要功能

绿色建筑评价工具以《标准》为出发点，综合考虑“四节一环保”等方面，提出技术路线的指导方式。主界面由条目菜单、专业筛选器、条文评价区、右侧辅助面板等部分组成，其界面如图 3-2-1 所示。

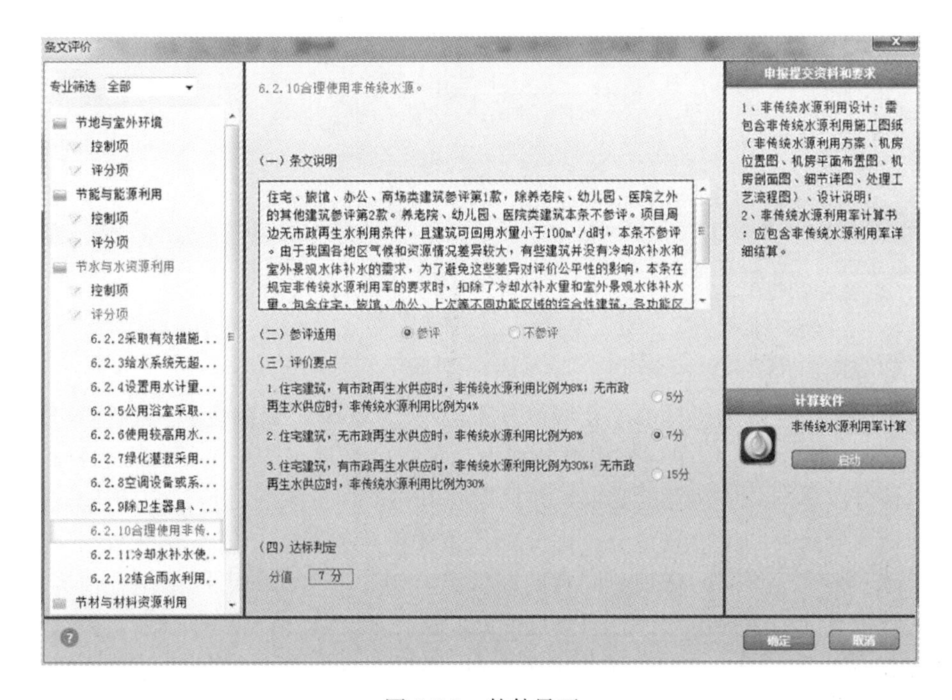

图 3-2-1 软件界面

（1）绿色建筑评价标准条文评价功能

软件条文评价界面的左侧为树状条文列表，与基本信息所选标准相对应，每个具体条目以不同的图标代表当前条目的评价状态，点击每个条目，右侧显示条目的详细信息。绿色建筑评价工具软件根据条目的内容将条目细分为若干个子条目，用户需要对每个子条目进行评价，通过点击、填写数字等方式即可，根据用户的每一个动作，软件将做出详细的判断，给出指导性的意见，在对每一个细分条目进行评价时，其右侧会显示与当前细分条目相关的说明、相关产品、相关软件、在线服务等信息，辅助用户完成设计。

（2）控制项评价

在《标准》中，三个等级的绿色建筑均应满足标准所有控制项的要求。在软件实现过程中，提供控制项达标的要求，并根据逻辑关系判断该条目是否达标，见图 3-2-2。控制项的评价要点为软件数据库来定义，用户只需参照评价要点的要求进行评判，评价控制项条目是否满足标准，如不满足，则不可以达到绿色建筑评价标准各星级的要求。

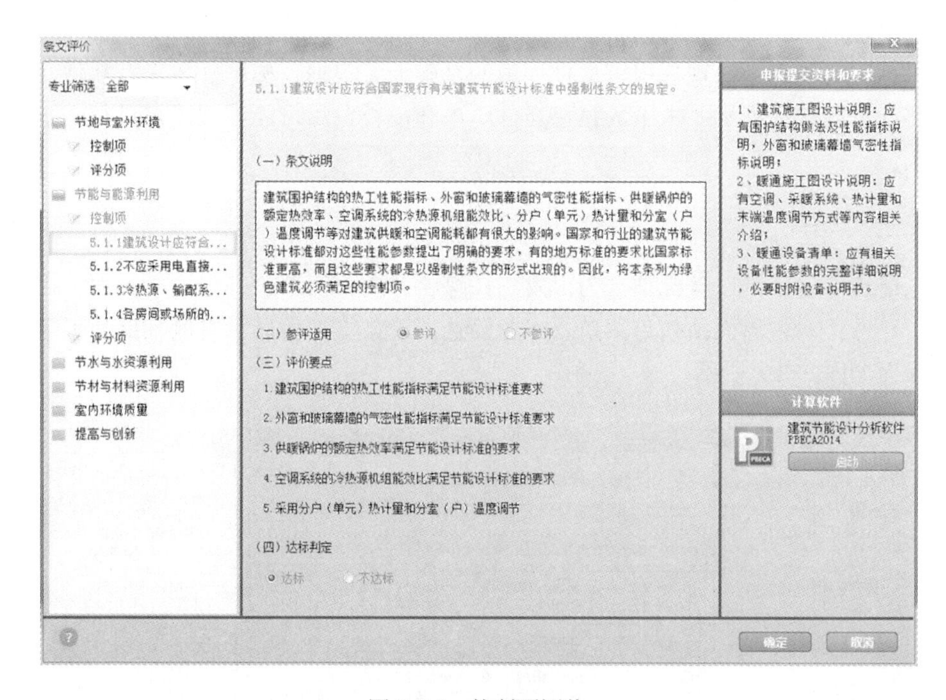

图 3-2-2　控制项评价

（3）评分项评价

在《标准》中，每类指标的评分项得分不应小于 40 分，当绿色建筑总得分分别达到 50 分、60 分、80 分时，绿色建筑等级分别为一星级、二星级、三星级。在软件评价过程中，提供评分项不同分值达标的要求，并根据逻辑关系判断该条目是否满足评分要求，最终核算出该评分条目的评价总得分。评分项各条评价点的对应分值由软件数据库来定义，并分为单选和多选等不同的选项。同类的评价点，如透水地面的不同比例分值为单选项；不同类的评价点则为多选项。评分项条目得分，软件定义其统计得分规则，各评价要点分值累加之和不大于本条目总分，见图 3-2-3。最终根据各章节的得分情况进行权重累加，得到本项目的分值及对应星级。

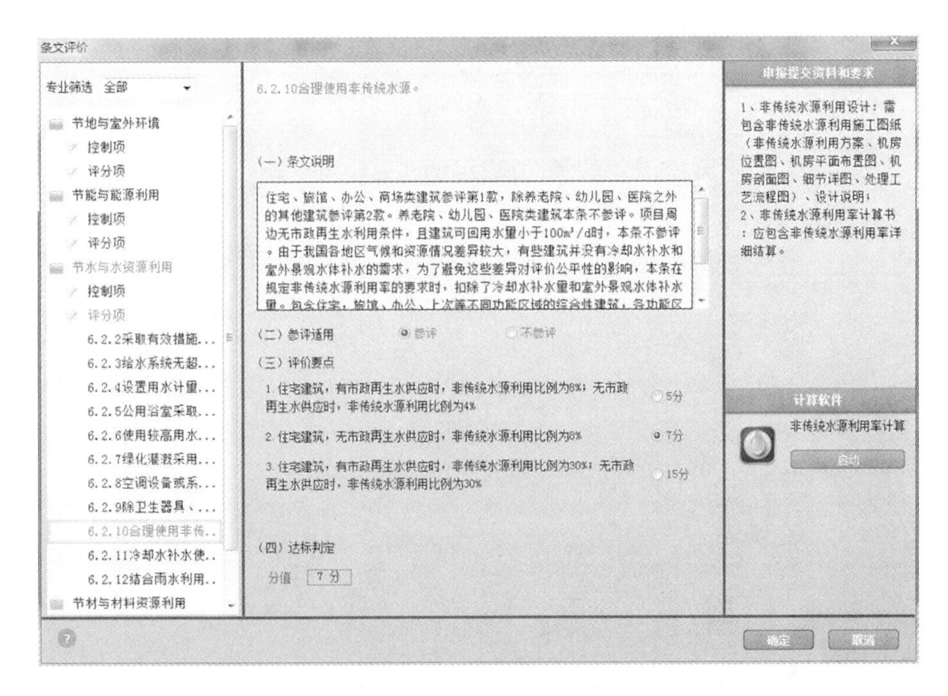

图 3-2-3　评分项评价

（4）绿色建筑专项模拟功能

专项模拟计算分析模块主要包括光环境模拟软件、风环境模拟软件、日照软件、声环境模拟软件、建筑能耗模拟软件、节能计算软件、负荷分析软件、能效测评软件、太阳能热水建筑一体化分析软件、建筑遮阳软件等。软件可直接与专项模拟分析模块进行切换。图 3-2-4～图 3-2-6 为一些专项模拟分析图。

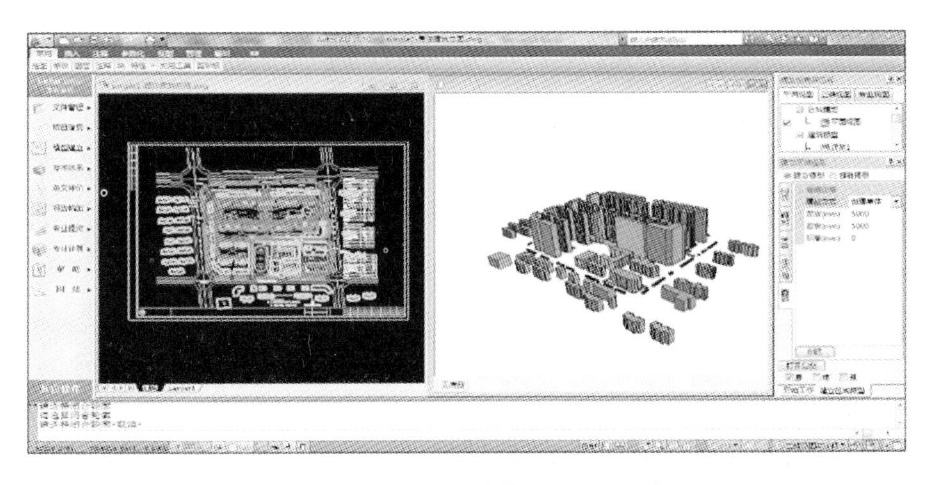

图 3-2-4　室外风环境模拟立面风压图

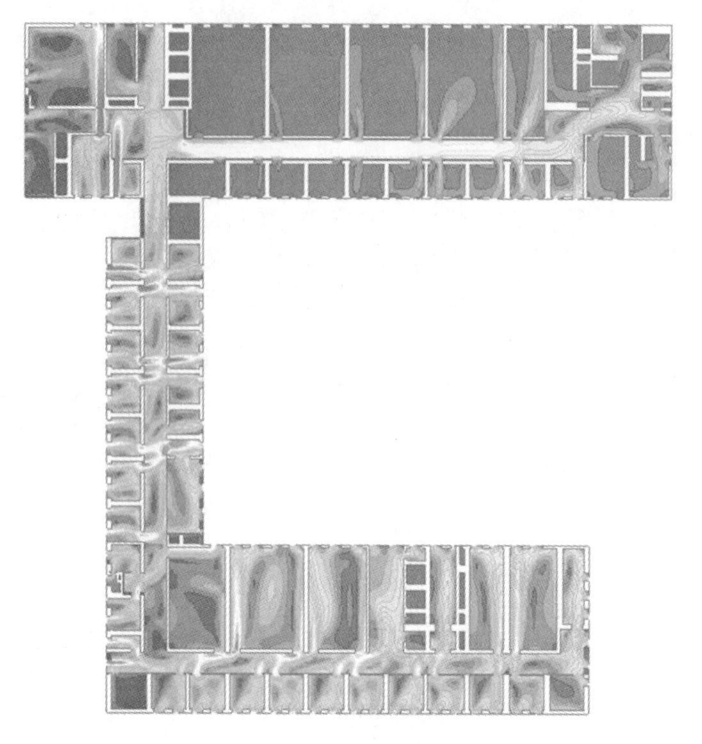

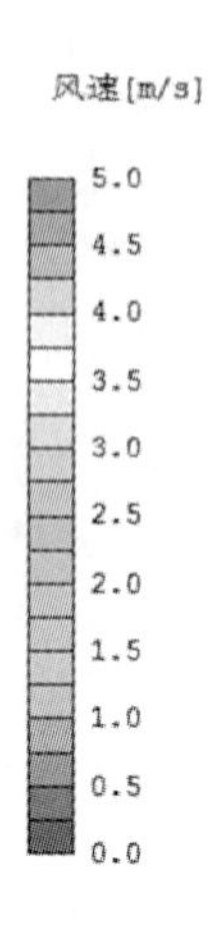

图 3-2-5　室内自然通风模拟风速矢量图

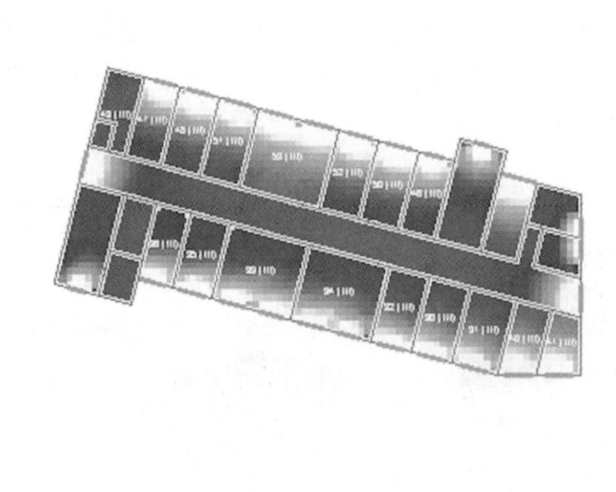

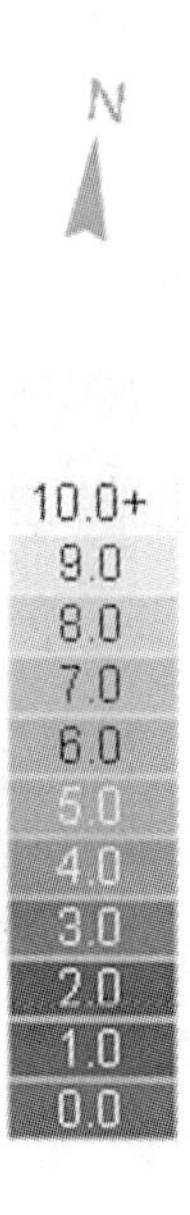

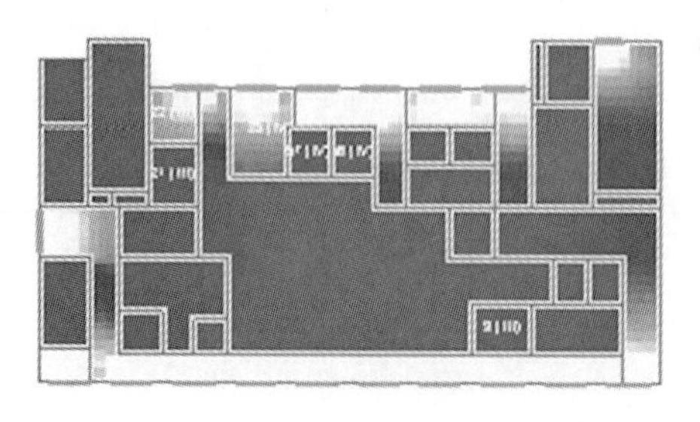

图 3-2-6　室内采光系数分布图

绿色建筑覆盖各个专业，涉及内容非常广泛，很多辅助设计工作需要由软件工具来完成。绿色建筑专项计算工具集（图 3-2-7）包含绿色建筑项目涉及的专项计算内容。主要包含高强度钢用量比例计算、可再循环材料使用比例计算、装饰性构件造价比例计算、非传统水源利用率计算、室内背景噪声计算、建筑构件隔声性能计算、节水率计算、人均用地指标计算、窗地面积比计算等。通过软件的工具集，有效帮助设计师完成专业的模拟工作，提高其设计效率。

绿色建筑覆盖各个专业，涉及内容非常广泛，很多辅助设计工作需要由软件工具来完成。软件包含绿色建筑项目涉及的专项计算内容。通过软件的工具集，有效帮助设计师完成专业的模拟工作，提高其设计效率。

图 3-2-7 专项计算工具集

2.1.4 成效

绿色建筑评价工具软件以《标准》为出发点，综合考虑“四节一环保”等方面，提出技术路线的指导方式，建立了适合于我国不同气候特点、不同建筑类型，内置多种可操作性的绿色建筑方案，并应用于标准条目的评价，可有效地指导不同专业设计人员完成相关条目的评价，为《标准》的推广奠定了基础。

2.2 绿色建筑在线申报系统

2.2.1 研发目标

绿色建筑在线申报系统的研发目标有两个，一是实现新标准绿色建筑标识的在线申报与评审，依据《标准》等标准法规，研究并开发绿色建筑标识认证信息平台。系统以绿色建筑评价标识认证为中心，实现绿标申报工作的“信息化流程、在线化操作、规范化管理”；二是为我国绿色建筑标识项目评价管理提供一个高效率的工作平台，通过标准化的业务流程，降低内部资源损耗、减低成本、加强员工与员工及职能部门与员工之间的联系和沟通等方面发挥较大作用，表现为绿色建筑申报和评价过程中的各方——包括申报单位、评审组织、评审专家，提供各种知识和信息支持，使各方面能快速、高效地开展工作。

2.2.2 研发思路

深入研究《标准》以及绿色建筑相关标准法规，调查分析绿色建筑相关单位的需求，结合我国绿色建筑管理的业务流程，开发适合我国使用的绿色建筑标识在线申报评审系统。

(1) 研究我国绿色建筑行业及市场对在线申报评审系统的内在需求，主要是绿色建筑标识申报单位、评审机构、评审专家对系统的实际诉求。研究如何通过系统提高各方面的工作效率，进而促进我国绿色建筑健康有序的发展。同时还研究了传统评价方式的不足以及如何通过在线系统进行规避或改进。

(2) 研究国内外各种在线评价系统的结构、功能、优缺点。研究对象主要是现在较为成熟的美国 LEED 等评价系统，了解其运作模式、技术亮点、荷载能力、安全防范能力等，再结合中国绿色建筑评价标识的特点，形成自己的特色。

(3) 从信息化的角度出发，研究和设计我国绿色建筑评价（以《标准》为主）的标准化流程。梳理适合我国绿色建筑评价的流程模式、逻辑范式，形成具有可操作性的、合理规范的标准化流程。

(4) 进行 Web 构建，通过客户端和服务端的开发，实现绿色建筑标识申报评审工作的“信息化流程、在线化操作、规范化管理”，并确保系统的适用性、稳定性、安全性。

(5) 在项目完成开发后，邀请相关单位、专家对系统进行项目试评，从系统功能、流程设计、美工与视觉效果、用户体验、创新与特色、网站稳定性和安全性、细节问题等方面提出意见和建议。针对这些问题进行讨论，并采取相应措施。

2.2.3 主要功能

本系统是一个以绿色建筑评价标识申报和评审为中心，连接申报单位、评审机构和评审专家的工作平台，实现项目在线申报、在线评审，以及消息管理、项目管理、数据统计等功能。

具体表现为以下几个方面：

(1) 对于申报单位

使用该系统，申报单位可以高效地实现绿色建筑项目注册、资料整理、资料提交、消息收发、项目管理、团队管理等绿色建筑星级申报全过程。具体功能包括：

项目管理：管理本单位的申报项目，关注各个项目的进度、状态，及时开展材料提交、材料修改补充各项工作，协调项目组成员之间进行协作，并与评审机构保持顺畅沟通。

消息管理：系统拥有反应迅捷的消息管理器，可即时接收各种通知、消息，根据通知、消息中的提示，可进行各种必要的操作。

团队管理：合理分工，积极互动，提高工作效率。

（2）对于评审机构

使用该系统，评审机构可以便捷地受理项目、进行形式审查和技术审查（专业评价），并可高效地组织专家进行在线评审。具体功能包括：

项目管理：对所有完成的和正在开展的项目进行管理，了解各个项目的进度，及时组织形式审查、技术审查（专业评价）、专家审查等工作。

消息管理：评审机构可对全部申报单位发送公告通知。常规性消息通知可由系统自动生成，自动发送。

团队管理：可按受理项目、形式审查、技术审查（专业评价）等不同工作内容进行分工，权责明确，提高工作效率。

专家管理：对评审专家进行管理，包括专家增减、评审任务的分配。

（3）对于评审专家

使用该系统，评审专家可以对自己负责的条文进行评判、提出建议，并可在评审过程中查阅历史评阅意见，从而提高评审质量和专家评审水平。

审查项目：异地异时审阅项目资料，按照专业分工审查。在线填写审查意见后，直接提交给评审机构。

消息管理：可在消息系统中收取评审任务单，点击链接即进入评审页面。

查看帮助：通过历史评阅记录的智能显示及对比等功能，提升评审能力。

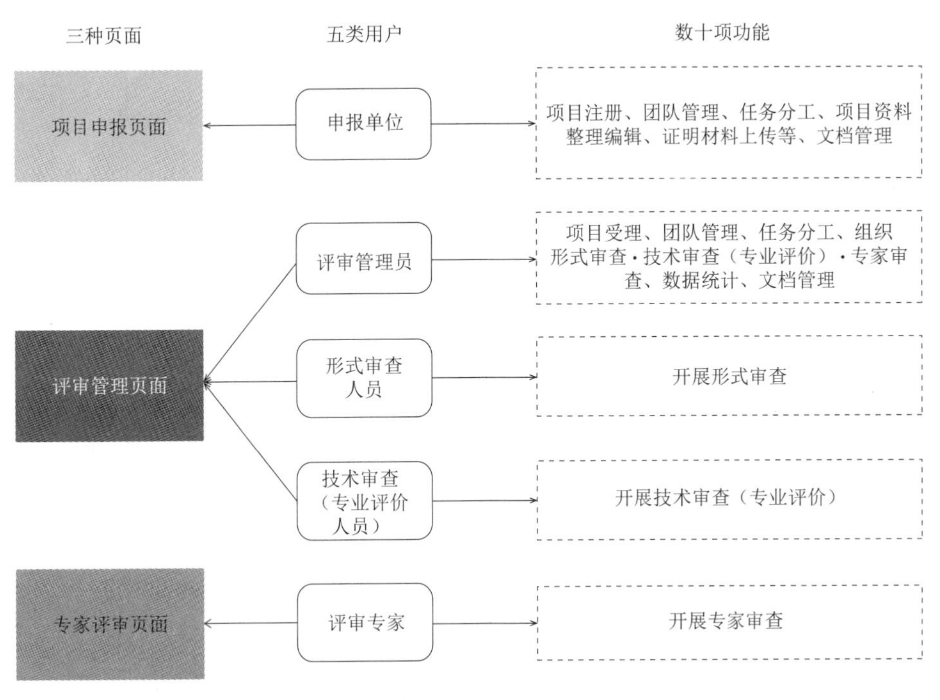

图 3-2-8　系统功能概要

2.2.4　成效

绿色建筑在线申报系统已应用于中国城市科学研究会，以及地方评审机构如北京、上海、江苏、宁波等。其中，中国城市科学研究会的申报系统中登记的、正在评审的和已完成评审的项目有数百个。在线申报评审可以有效地进行绿色建筑项目的管理，并提高评价工效率，已被证明是行之有效的工作方式。系统帮助绿色建筑的管理走向“业务流程信息化”和“服务信息化”，帮助业务部门之间进行业务整合和数据贯通，优化和简化业务流程，获得了各类用户的肯定。

2.3 结语

绿色建筑评价工具实现了以《标准》为基础的绿色建筑评价功能，提供了技术路线指导、模拟计算工具、绿色建筑地图，并附有大量的国内外绿色建筑设计实例，为设计师提供了一个得力的评价软件工具。

绿色建筑在线申报系统通作为国内首个基于《标准》开发的在线申报系统，将推动我国绿色建筑标识评价业务的发展，通过网络载体为绿色建筑标识认证提供一种专业、标准的评审方式、评价组织方式，促进我国绿色建筑星级认证工作提升到先进水平，因此是推进我国绿色建筑发展的重要基础工程。

3 既有外墙改造防水保温装饰系统标准化研究与应用

北京东方雨虹防水技术股份有限公司 杨劲松

随着建筑业的快速发展和城镇化的不断推进，城乡建设规模空前，建筑面积不断扩大。目前，我国既有建筑已超过600亿m^2，量大面广的既有建筑面临着能耗高、环境差等问题，因此，加快既有建筑绿色化改造将是建筑可持续发展的必然要求。作为建筑的组成部分，外墙在节能、美观方面起着重要的作用，外墙材料和装饰产品随之得到快速发展。

目前，我国建筑外墙装饰材料主要包括装饰石材、玻璃幕墙、瓷砖、建筑涂料、装饰砂浆等。由于发展的特殊性，已上墙的装饰材料出现了脱落、空鼓、起包、起皮等问题，老旧建筑还存在渗漏等现象，这严重影响着建筑物的寿命和美观。因此，针对既有建筑外墙基面的常规状况，亟需以标准化模式研发防水节能、经济合理、施工简便的外墙防水保温装饰系统，以此提升建筑使用寿命，节约资源、保护环境，推动绿色建筑快速稳步发展。

3.1 防水装饰系统标准化研究

3.1.1 外墙防水装饰材料要求

墙面结构为竖向持续受力，防水层与各相关层的粘结强度必须满足工程要求。防水材料与基层的粘结力以及在防水材料面上直接施工构造层的粘结力，必须达到防止整合下滑或局部起壳的要求。

聚合物水泥防水砂浆是首选材料。而对于外墙装饰材料来讲，不但需要其与基层有足够的粘结性，安全可靠，同时又需要其达到美观效果。彩色装饰砂浆具有足够的透气性、立体感、与水泥优良的相容性等性能，虽然其并不具有足够的防水性能，但是通过对防水、装饰进行系统设计使整个系统既具有防水性同时又具有透气憎水性，且层间之间相互具有足够的粘结强度，进而解决建筑外墙装饰中的诸多问题。

3.1.2 系统技术参数设定

要使彩色装饰砂浆系统既具有防水性又具有透气性绝非一种材料能解决，这应该是一个系统具有逐层憎水特性的体系，只有这样才能达到既具有防水性又具有透气性。

在防水装饰系统构造中自最外侧向最内侧防水性能逐层增强以防止透气性消失，另外整个系统还具有适当的柔韧性以应对外界因素影响所产生的变形。其各层材料的性能应该分别符合相关材料标准，如装饰砂浆应符合《墙体饰面砂浆》JC/T 1024—2007中E标准、装饰砂浆专用底漆应符合《建筑内外墙用底漆》JG/T 210—2007 中外墙Ⅰ型标准、聚合物防水砂浆应符合《聚合物水泥防水砂浆》JC/T 984 等。

3.1.3 防水装饰系统研发

装饰砂浆是以水泥等无机胶凝材料为主的产品，由于水泥基材料中含有大量的碱，因此在研发过程中经常出现装饰砂浆泛碱的问题；经过研究发现其泛碱物质主要是水泥中的氢氧化钙以及可溶性盐所造成的（氢氧化钙与碳酸反应生成碳酸钙，停留在表面形成白斑）。其形成过程如图 3-3-1 所示。

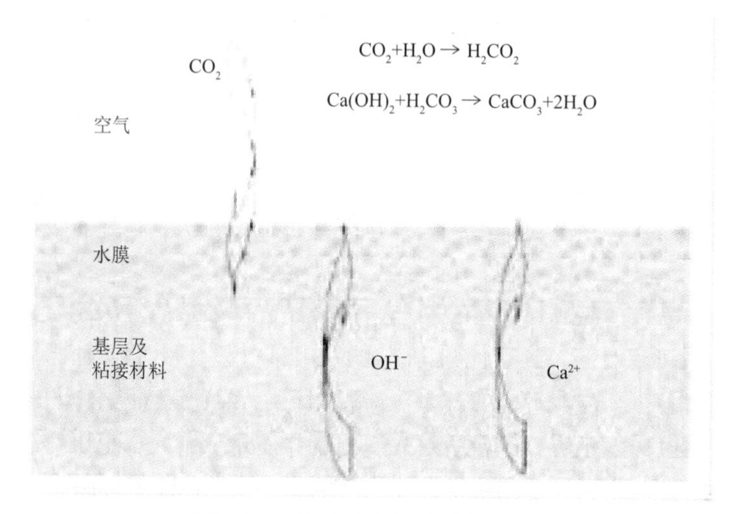

图 3-3-1 装饰砂浆泛碱形成过程

通过添加抵消类材料以及吸附类材料达到了对装饰砂浆泛碱的有效抑制作用。为了更贴近实际使用中的各种恶劣环境，分别又进行了滴水法和实际环境中的淋水法进行了测试。通过测试发现，滴水法测试发现水干后不留痕迹，淋水法测试发现干燥后没雨痕。

在墙体中使用最多的是聚氨酯类、丙烯酸类、JS 水泥类等防水涂料及防水浆料、防水砂浆，装饰砂浆能否与以上材料完美结合对防水装饰系统的实际应用意义尤为重要，为此我们分别对这几种防水材料与装饰砂浆的相容性进行了测试，其测试结果如图 3-3-2 所示。

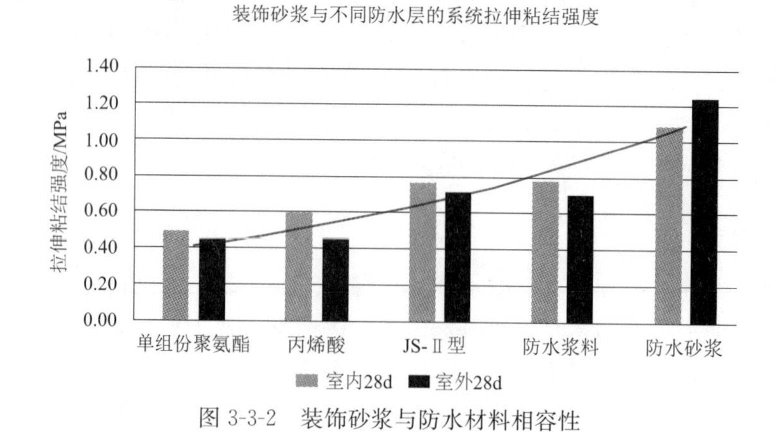

图 3-3-2 装饰砂浆与防水材料相容性

由图 3-3-2 可知，装饰砂浆与无机防水材料类有很好的相容性，与有机材料类相容性稍差；研究表明装饰砂浆与大多数的防水材料在室内环境下粘结强度好于室外环境下的粘结强度，但防水砂浆类的正好相反。可见在实际工程使用中外墙防水层使用防水砂浆、防水浆料等无机防水材料是较好的选择。

柔韧性是系统另一个重要性能指标，不但会给系统带来更好地适应各种墙体变形的能力，又会减少渗水通道。为此在整个系统中每层材料在满足各自柔性指标要求外，我们还进行了更加苛刻的系统弯曲变形测试，其测试过程如图 3-3-3 所示。从图中可以看出，防水装饰系统的弯曲程度很大，从而可以判断其具有能适应外墙的变形的柔韧性。

图 3-3-3 防水装饰系统柔韧性测试

最后，若外墙装饰系统具有很强的防水透气性，会从根本上杜绝了装饰层起包、起皮、脱落的问题。故系统采用了逐层防水的技术方案，在最外侧的材料具有充分的憎水性，向内侧逐层深入各层材料都具有各自的防水性能，到最里层的防水砂浆则具有极强的防水效果。使防水性与透气性达到一个完美的搭配，从而给建筑物提供一个良性的环境。如图 3-3-4 所示为防水装饰系统面材的憎水效果。

图 3-3-4 防水装饰系统憎水效果

3.1.4 防水装饰系统试验

在既有建筑改造中的建筑物都为较旧的建筑物，以防水装饰系统与外墙安全组合关键点出发对既有外墙情况进行分析：既有外饰面基本有釉面砖、玻璃马赛克、光面石材、毛面石材、麻面外墙砖、外墙乳胶漆、水包水等。为了更好地将研究成果应用于既有建筑外墙改造中，依据《墙体饰面砂浆》JC/T 1024—2007 对以上基面进行了结合方式的试验，使用不同的界面处理或找平材料（玻化砖背胶、柔效防水涂料、高效防水浆料、TA-S100、WM-100、PMC500 等）对上述基面进行处理，之后进行装饰砂浆施工或不处理直接进行装饰砂浆施工。

分别进行 28d 粘结强度及老化循环后的粘结强度进行测试，其实验结果如表 3-3-1 所示。可见各种基面的处理方法不同其粘结强度也不相同，各种处理方案的老化后粘结强度都下降较多。

不同基面不同处理方式研究测试结果 **表 3-3-1**

粘接强度(MPa) 基面 / 处理方式	釉面砖		玻璃马赛克		光面石材		毛面石材		麻面外墙砖		外墙乳胶漆		水包水	
	室内28d粘接强度	耐老化粘接强度	室内28d粘接强度	耐老化粘接强度	室内28d粘接强度	耐老化粘接强度	室内28d粘接强度	耐老化粘接强度	室内28d粘接强度	耐老化粘接强度	室内28d粘接强度	耐老化粘接强度	室内28d粘接强度	耐老化粘接强度
基层处理＋装饰砂浆系统	—	—	—	—	—	—	0.83	0.80	0.37	0.48	1.10	0.22	—	—
基层处理＋界面 1＋装饰砂浆系统	0.75	0.71	0.37	0.10	1.07	1.22	0.94	0.91	1.08	0.62	—	—	—	—
基层处理＋界面 1＋防水处理 1＋装饰砂浆系统	1.09	0.20	0.33	0.15	0.94	0.87	0.86	0.89	1.51	0.55	—	—	—	—
基层处理＋防水处理 2＋装饰砂浆系统	1.16	0.37	0.46	0.07	1.15	0.93	0.79	0.90	1.08	1.06	1.24	0.44	—	—
基层处理＋防水处理 3＋装饰砂浆系统	0.73	0.07	0.36	0.06	0.80	0.87	0.61	0.61	0.88	0.60	0.75	0.31	—	—
基层处理＋防水处理 3＋装饰砂浆系统（部分）	0.74	0.14	0.16	0.09	0.80	0.95	0.87	0.63	0.95	0.56	0.93	0.40	—	—
基层处理＋防水处理 1＋装饰砂浆系统	1.05	0.26	0.38	0.09	0.91	0.88	0.78	0.80	1.22	0.76	—	—	—	—
基层处理＋界面 2＋防水处理 1＋装饰砂浆系统	—	—	—	—	0.75	0.17	0.88	0.88	1.24	0.81	—	—	—	—

续表

基面 粘接强度（MPa） 处理方式	釉面砖		玻璃马赛克		光面石材		毛面石材		麻面外墙砖		外墙乳胶漆		水包水	
	室内28d粘接强度	耐老化粘接强度	室内28d粘接强度	耐老化粘接强度	室内28d粘接强度	耐老化粘接强度	室内28d粘接强度	耐老化粘接强度	室内28d粘接强度	耐老化粘接强度	室内28d粘接强度	耐老化粘接强度	室内28d粘接强度	耐老化粘接强度
基层处理＋界面3＋装饰砂浆系统	—	—	—	—	—	—	0.59	0.92	0.54	0.70	—	—	—	—
基层处理＋界面4＋装饰砂浆系统	—	—	—	—	—	—	—	—	0.77	0.82	—	—	—	
基层处理一涂面	—	—	—	—	—	—	—	—	—	—	—	—	2.36	0.66
基层处理一界面2一涂面	—	—	—	—	—	—	—	—	—	—	—	—	2.53	0.42
基层处理一装饰砂浆系统（部分）	—	—	—	—	—	—	—	—	—	—	—	—	2.16	0.57

由表3-3-1分析可见，每种基面的处理方法都有略微的差别，且每种基面可能有几种处理方法可用，而有的基面是通过界面处理也不能进行防水装饰系统施工。因此，在既有建筑外墙改造翻新进行防水装饰系统施工时需要确定合理的构造及施工方案。

3.1.5 系统构造及常见基面标准推荐做法

（1）系统构造

防水装饰系统由聚合物防水砂浆、装饰砂浆专用底漆、装饰砂浆、有机硅面漆组成，其典型构造如图3-3-5和图3-3-6所示。

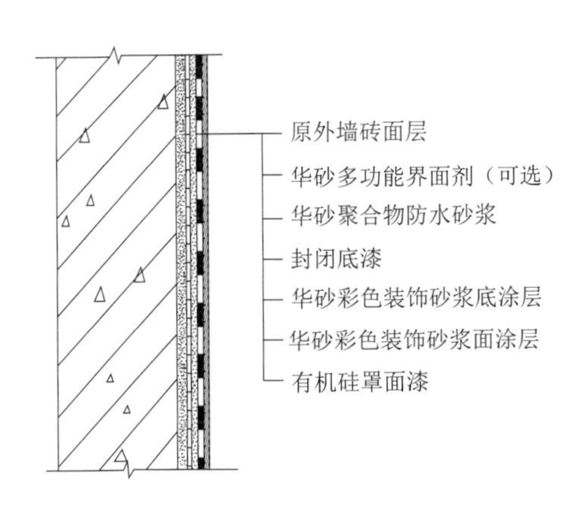

图3-3-5　翻新外墙砖典型做法

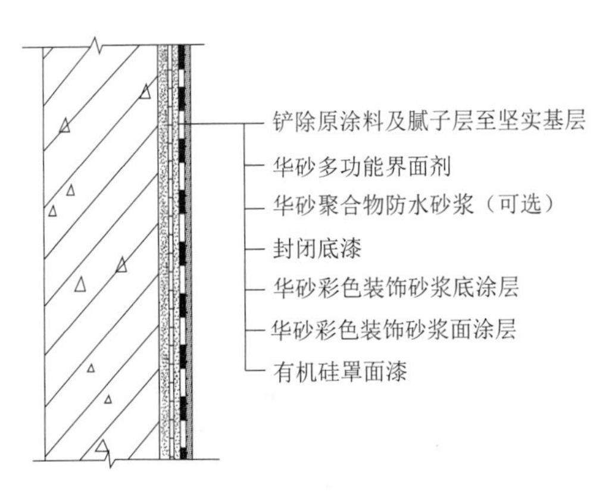

图3-3-6　翻新外墙涂料典型做法

（2）常见基面标准推荐做法

常见既有基面标准推荐做法表 表 3-3-2

原有建筑基面类型	标准推荐做法
釉面砖	基层处理＋防水层＋装饰砂浆系统
玻璃马赛克	基层处理＋防水层＋装饰砂浆系统
光面石材	基层处理＋防水层＋装饰砂浆系统
毛面石材	基层处理＋防水层＋装饰砂浆系统或基层处理＋装饰砂浆系统
麻面外墙砖	基层处理＋防水层＋装饰砂浆系统
外墙乳胶漆	基层处理＋装饰砂浆系统
水包水	基层处理＋装饰砂浆系统（部分）

3.1.6 防水装饰系统特点

防水装系统中装饰砂浆的颜色丰富多样，可以任意调配且可以做到有一定厚度。其装饰效果既具有色彩多样性又具有立体感，其装饰效果在一定程度上可以取代传统瓷砖、涂料、真石漆的装饰效果。另外，防水装饰系统属于薄层结构体系，具有单位面积重量轻的特点，从而减轻了建筑物的负重；从产品生产角度看，防水装饰系统的材料生产过程中不存在高燃煤、高污水排放问题，可见防水装饰系统的材料是绿色环保的建筑材料，符合国家节能减排的政策方向。外墙防水装饰系统具有与基层牢固的粘结力、防水透气性、耐久性等特点，其与质感涂料、真石漆、水包水等传统装饰材料的优缺点对比如表 3-3-3 所示。

外墙装饰材料性能对比 表 3-3-3

项　目	防水装饰系统	质感涂料	真石漆	水包水
表面状态	硬度高，较致密，自然光泽	针孔多，自然光泽	易露砂，有一定光泽	光滑，有光泽
造型	可实现质感涂料和真石漆所有质感	较多，可批涂或喷涂	较少，喷涂	喷涂，只能模仿颜色，但不具有质感
憎水性	好	较差	一般	很好
耐水性	好，具有类似水泥的良好耐水性	一般	一般	一般
透气性	好，具有可呼吸性	好	一般	不透气
耐玷污性	好，可擦洗	差	一般	好
抗开裂性	好，与外保温系统配套性好	一般	一般，取决于乳液	差
色牢度	无机颜料，不易褪色	一般	有机色浆，容易褪色	颜色易变浅
耐久性	砂浆建筑物同寿命	5～10 年	5～10 年	3 年左右
粘合力	超强，适合翻新工程	一般	一般	一般，易整体脱皮
基层要求	无需做腻子层（有厚度的底涂层）	一般需做腻子层	一般需做腻子层	必须需做腻子层

3.2 防水型保温系统研发

该系统是一种新的外保温形式，由粘结层、保温层、抹面层及饰面层构成，特点在于系统采用了多项措施实现系统防水。首先，所用泡沫保温板两表面开有凹槽，并预先安装“工”字形免钻孔固定件，即保温板在安装时先将固定件的钉帽埋置在粘结砂浆中，完成固定件的固定并避免了在墙面钻孔，减少了系统的渗漏隐患。其次，本系统设置了水平导水条，可以阻断雨水从分割缝处进入保温系统，还可将墙体与保温系统之间的雨水排出来。其构造如图 3-3-7。

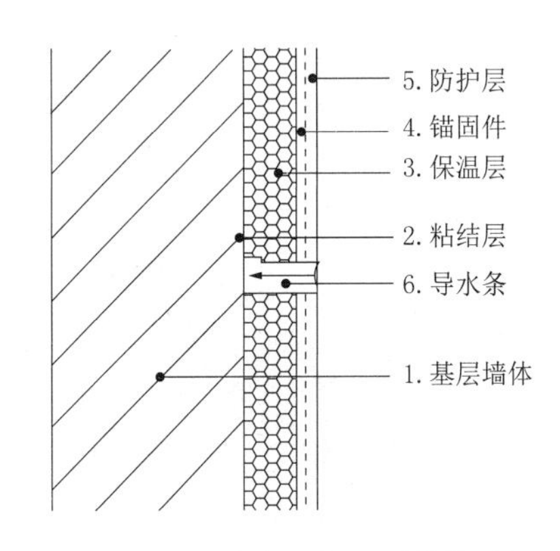

图 3-3-7　防水型保温系统构造

本系统解决了既有建筑原保温系统由于多种原因导致保温层吸水、积水，节能效果差的缺陷。

围绕实现系统整体性防排水功能，本系统有针对性地开展了基层墙体处理、高强粘接砂浆、免钻孔锚栓、配品配件、透气性饰面层等一系列分项技术。

（1）墙体基层界面剂

其目的是增强基层的憎水性能，延缓水汽在渗透压力的作用下向基面墙体渗透。同时确保胶粘剂和基层墙体的粘结拉伸强度。

（2）高强胶粘剂

专用高强度胶粘剂的原强度和耐水（2h 干燥）强度分别为 1.0MPa 和 0.6MPa，远高于现行标准所要求的 0.6MPa 和 0.3MPa，且经人工模拟上墙使用，多次验测，强度值变化微小，稳定性好。

（3）免钻孔锚栓与粘结锚栓

本系统开发的免钻孔锚栓不需要在墙体上开孔实现锚固件安装，规避传统的锚栓破坏外墙防水及孔眼的渗漏隐患，同时保障了系统的安全性。尤其适用于既有建筑的外保温节能改造。该锚栓经试验测试抗拉承载力在 500N 左右（数据如图 3-3-9），远大于《膨胀聚苯板薄抹灰外墙外保温系统》JG 149—2003 所要求的单个锚栓抗拉承载力标准值≥300N。

另一种粘结锚栓则是为了应对既有建筑千差万别的基面种类和各种状态所开发。该锚栓适用于旧墙改造，可在原基面上创造一个新的粘结基面，再施工外保温系统。这样既避免对旧基面的琐杂处理，又避免了因基面不牢靠导致的安全问题。

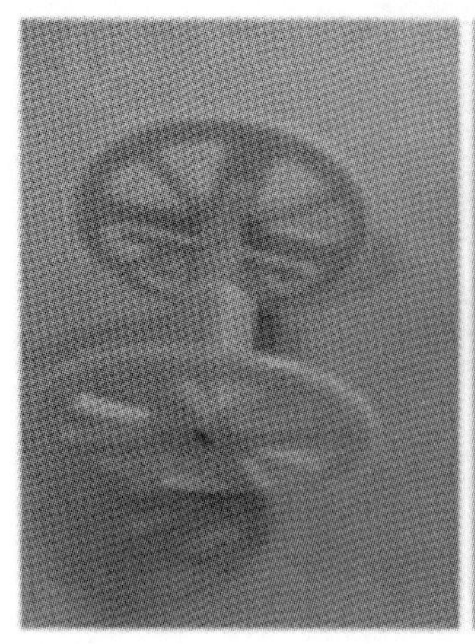

图 3-3-8　锚栓示意图

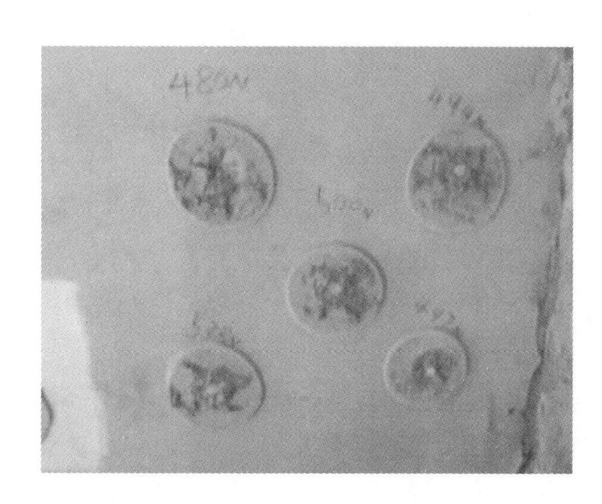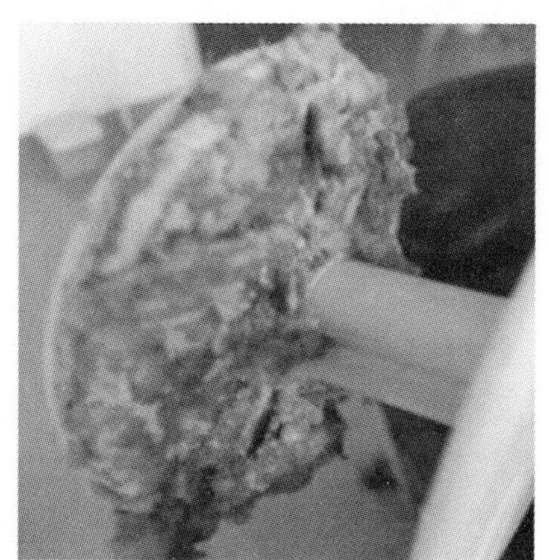

图 3-3-9　锚栓抗拉承载力试验

（4）配品配件

国内很多配品配件都因为各种原因被忽略。在防水型外墙外保温系统中，加入了这些配品配件，并根据实际要求，丰富种类，增强实用性。包含但不限于导水条、防水密封带、透气孔、阴阳角条、滴水线条、托架、封导水条等。

3.3　实施应用

3.3.1　防水装饰系统

防水装饰系统样板经过多次雨淋、日晒等自然环境的考验，其表面无开裂、空鼓、剥落等现象，表面依然具有完美的防水透气性。经过多次的样板测试总结了许多施工经验，将这些施工经验汇编成具体的施工方案并应用到实际工程中。

自防水装饰系统研发成功后，两年间先后在全国 20 多个项目（总计约 70 万 m^2）中得到了推广应用，其中既有旧建筑外墙改造项目占到 60％以上。产品在应用过程中施工性能优良，改造后的项目焕然一新，各类问题都得到了明显的改善。图 3-3-10～图 3-3-12 为防水装饰系统的部分工程案例。

- 项目名称：东方雨虹咸阳工厂
- 项目地址：陕西咸阳市
- 开发商：满洲里综合保税区
- 项目属性：厂房
- 施工面积：5000平方米
- 施工时间：2016年
- 使用产品：彩色砂浆
- 使用部位：建筑外墙

图 3-3-10　东方雨虹咸阳工厂防水装饰系统

- 项目名称：平乐园农贸市场改造
- 项目地址：北京市
- 开发商：北京通惠国际投资管理中心
- 项目属性：办公用房
- 施工面积：3500平方米
- 施工时间：2016年
- 使用产品：彩色砂浆
- 使用部位：建筑外墙

图 3-3-11　平乐园农贸市场办公楼改造防水装饰系统

- 项目名称：一品人家
- 项目地址：湖北黄石市
- 开发商：大治东方华宇房地产开发有限公司
- 项目属性：住宅
- 施工面积：120000平方米
- 施工时间：2016年
- 使用产品：彩色砂浆
- 使用部位：建筑外墙

图 3-3-12　一品人家防水装饰系

3.3.2　防水保温装饰系统

该系统不仅在构造上较薄抹灰系统有很大差异，所使用的主辅材也多为自主开发的产品。墙体基层界面剂与基层的粘接强度经测试能达 0.6MPa，符合《模塑聚苯板薄抹灰外墙外保温系统材料》GB/T 29906—2013 中胶粘剂粘接强度数值要求。换言之，胶粘剂与基层之间插入一道专用界面剂层，未影响胶粘剂和基层的附着力，反而这个界面剂层有效阻止水往基墙内渗透。根据实际应用数据显示，此渗水量相比于传统不涂刷界面剂的薄抹灰系统，至少缩减 50%以上。系统所使用的专用引水条、导水条排水效率高，长时间使用，未发生变形、位移、掉落等现象，且经 100 次排水循环后，没有出现堵塞、排水不畅问题，排水功能不衰减。整个系统在高品质材料集成的基础上融合独特构造，耐候性优异，完全通过《模塑聚苯板薄抹灰外墙外保温系统材料》GB/T 29906—2013 耐候指标，相比于常规薄抹灰系统，安全风险降低，质量可靠度大幅度提高；而相比于经过积水侵蚀的薄抹灰系统，可延长实际使用寿命 5～10 年以上。图 3-3-13～图 3-3-14 为防水保温系统的工程案例。

- 项目名称：东河区老旧小区综合整治
- 项目地址：包头
- 项目属性：住宅
- 施工面积：77636平方米
- 使用产品：模塑聚苯板、挤塑板
- 使用部位：外墙、屋面

图 3-3-13　包头市昆山区老旧住宅小区综合整治建设项目工程

- 项目名称：昆区老旧小区综合整治
- 项目地址：包头
- 项目属性：住宅
- 施工面积：29500平方米
- 使用产品：EPS模块板
- 使用部位：外墙

图 3-3-14　包头市东河区老旧小区综合治理项目

4 再生混凝土在绿色建筑结构中的应用

上海城建物资有限公司 徐亚玲 黄晖皓 杨艳平

随着我国社会经济发展与城镇化进程的加快，建筑施工、改造修缮和市政拆除等产生的废旧混凝土排放量迅速增加，除一小部分用于填筑海岸、充当道路和建筑物的基础垫层外，绝大部分作为垃圾填埋，不仅占用了大量土地，还对浅层地表土、河流和地下水资源造成污染。中国建筑垃圾资源化产业技术创新+战略联盟发布信息称，近几年我国每年建筑垃圾的排放总量约为35.5亿吨之间，占城市垃圾的比例约为40%，产量惊人。利用建筑垃圾中的废旧混凝土制备再生混凝土是建筑垃圾综合利用的一个主要发展方向，同时也十分符合绿色建筑对节材的要求。充分利用再生混凝土，不但能有效降低建筑垃圾的数量，减少建筑垃圾对自然环境的污染，同时还能减少建筑工程对天然骨料的需求，节约天然砂石资源，具有显著的经济、社会和环境效益。

4.1 科研相关背景简介

近20年来，国内再生混凝土技术的理论研究比较丰富[1~3]，上海城建物资有限公司在2005年就“预拌再生混凝土研发与应用”课题进行立项，建成了再生骨料示范生产线，将解体混凝土破碎并筛分成粗细骨料，用以代替部分天然骨料来配制成再生骨料混凝土。先后与同济大学、上海市建筑科学科研究院（集团）有限公司等科研院校组成了科研联合体，陆续获得隧道股份、浦东新区科委以及上海市科委的立项支持，经过十年不间断的持续研究，该科研项目结出了许多成果，形成了企业产品标准、市级工法和地方、行业标准，先后获得浦东科技进步奖、上海市科技进步奖、教育部科技进步奖，并于2014年被认定为上海市高新成果转化项目。

与此同时，标准的缺失和保守严重制约了再生混凝土在建筑结构中的推广应用。实际工程数据缺乏，导致老标准已经滞后于技术发展，却迟迟未能修编。为了突破标准和实际工程应用两难局面，科研联合体在上海市科委“科技创新行动计划”项目的支持下，结合杨浦区五角场镇340街坊商业办公用房项目（绿色二星，位于杨浦区世界路133号，现正式命名为“绿源天地”），将再生混凝土应用于高层建筑承重结构中，实现了再生混凝土作为结构材料在高层绿色建筑中的示范应用，为再生混凝土应用技术规程修订打下基础。

4.2 再生混凝土的性能提升技术研究经验总结

项目组围绕再生骨料品质提升技术方法及控制指标，以再生混凝土的工作性能、弹性模量、长期性能及抗渗性能为研究对象开展再生混凝土高性能化成套技术研究，形成以下结论：

(1) 再生骨料表面附着水泥砂浆，细粉含量相对较高，吸水率较大，坍落度损失略大于普通混凝土，且随再生粗骨料取代率的增大而增大，为保证再生混凝土在实际工程中的和易性和可泵送工作性能，需通过添加外加剂对再生混凝土改性；通过试验发现，皂角素作为引气剂强度损失较小，且能显著增强再生混凝土的流动性和保坍性，一小时坍落度损失在 30mm 左右，是较理想的外掺引气剂；引气剂合适的掺量宜为 0.3‰～0.6‰。

(2) 不同强度等级的再生混凝土弹性模量均随着再生粗骨料取代率的增加而降低。本项目再生混凝土的实测弹性模量均高于规范中对于普通混凝土弹性模量的取值，但略小于同标号普通混凝土的实测弹性模量，约为普通混凝土实测值的 95%～97%，在建筑设计时选取的再生混凝土弹性模量偏于保守[4]。

(3) 早龄期时，再生混凝土收缩增长较快；随着龄期的增长，会出现收缩值减小的情况，这一现象与混凝土内部水化反应有关；再生混凝土的收缩率随着再生骨料取代率的增长而略有增长。在持荷早期，徐变变形发展得很快；加荷龄期早，其徐变变形更早地趋于稳定；加荷龄期越早，再生混凝土徐变值越大。

(4) 再生混凝土的抗开裂性能随再生骨料取代率的提高而降低，取代率为 100%的再生混凝土的单位面积平板开裂面积比普通混凝土增大 75%；早龄期养护剂对裂缝的抑制效果明显。

(5) 当再生骨料取代率为 30%时，C30 和 C40 再生混凝土抗压强度最佳，当再生骨料取代率为 10%时，C50 再生混凝土的抗压强度较佳；基于对安全性、耐久性等因素的考量，结合试验结果，将 C30、C40 混凝土再生骨料取代率确定为 30%，C50 混凝土再生骨料取代率确定为 10%。

4.3 成果创新点

(1) 完成了从废混凝土的回收及再生粗骨料的生产加工，高性能再生混凝土制备技术，高性能再生混凝土高层结构设计方法，高性能再生混凝土结构施工及质量控制等的成套高性能再生混凝土结构技术。

(2) 将 10 年理论研究应用于实践，完成国内首座再生混凝土高层建筑示范工程，实现了从理论到实践、从材料性能到结构性能的跨越，为再生混凝土在实际工程中的推广和应用提供了坚实的理论基础和宝贵经验。

(3) 对预拌混凝土和预制构件用再生混凝土，开展大量的、系统的力学性能和耐久性研究和质量评估检测，检测项目包括抗压抗折、静压弹性模量、抗裂、电通量、氯离子渗透系数、抗冻性和收缩等，形成了完整的再生混凝土安全性评估技术体系。

(4) 首次对再生混凝土高层建筑实施在线监测，对再生混凝土足尺结构的结构性能进行了研究，并与相同条件下的普通混凝土结构进行对比分析。

4.4 实施应用

4.4.1 三星级绿色建筑——沪上·生态家

沪上·生态家（中国 2010 年上海世界博览会城市最佳实践区上海案例）总建筑面积 3100m²，建筑高度 20m，地上四层，地下一层，采用钢筋混凝土框架结构。其设计理念是关注节能环保，倡导乐活人生；延续生态建筑理念，节约能源、节省资源、保护环境、以人为本。项目中采用了再生骨料砌块、再生混凝土、脱硫石膏保温砂浆等固废循环利用产品，为固废循环利用产品推广形成示范效应。整幢建筑从基础到主体结构全部采用了泵送再生混凝土 1990m³，C30 再生混凝土所用粗骨料是 100%再生骨料，C40 再生混凝土所用粗骨料中有 50%再生骨料，上海市建筑科学研究院（集团）有限公司实地抽样检测显示该再生混凝土的强度、耐久性以及施工性能完全达到设计要求。项目获颁三星级绿色建筑运营标识。

在上海世博会期间，沪上·生态家用于体验未来居住模式，呈现创新成果，带动产业开发，引领未来主流，凸现城市魅力，起到展示科技强国的示范作用，世博会后功能则转变为商务办公楼。该项目获得 2010 年全国绿色建筑创新奖一等奖。

4.4.2 二星级绿色建筑——杨浦区五角场镇 340 街坊商业办公用房项目（杨浦区世界路 133 号绿源天地）

杨浦区五角场镇 340 街坊商业办公用房项目中的单体 2 号楼 A 座原计划采用普通的钢筋混凝土结构，由于结构高度及规则性均未超限，该单体为非超限高层建筑工程，上海城市建设设计研究总院按总体设计批复进行了施工图设计并通过施工图审查后，上海城建物资有限公司将项目中的单体 2 号楼 A 座作为本科研项目的示范工程，决定把 2 号楼 A 座的结构材料在 3 层以上由原一般混凝土改为再生混凝土（结构形式及布置均未变），仅涉及结构设计中的材料变更，其他专业设计文件均未变动。由于《再生混凝土应用技术规程》DG/TJ-2018-2007[5]中规定，再生混凝土在结构中使用仅限于多层建筑，本项目在审图阶段即遇阻。在上海市建交委科技委的支持下，召开技术评审会议后，才得以继续推进。《再生混凝土应用技术规程》DG/TJ-2018-2007 修订工作由此启动。

图 3-4-1 杨浦区五角场镇 340 街坊商业办公用房项目

项目体再生混凝土结构方案从±0.000以上开始实施，±0.000及以下所有构件以及一层和二层柱、剪力墙仍采用普通混凝土材料；三层及以上柱、二层及以上梁、板采用再生混凝土材料。再生骨料取代率根据混凝土强度等级有所不同：C50再生骨料取代率为10％，C40、C30再生骨料取代率为30％，再生混凝土总用量达3500m^3。

适逢某港区改造项目启动，该项目需拆除的建筑物以堆场和仓库为主，主体材料是钢筋混凝土，服役龄期超过20年。我司在现场设置一条再生骨料生产线，累计约完成20万吨废混凝土处置再利用，为新建项目体提供了稳定的再生骨料来源，减少了巨量建筑垃圾外运，经济效益显著，社会效益明显，值得总结和产业化推广。

示范工程是两栋分别为普通混凝土和再生混凝土建造的小高层（60m以下），项目组以框架剪力墙结构为研究对象，围绕高性能再生混凝土结构的使用性能和结构性能与普通高层混凝土结构的异同点，开展再生混凝土结构监测关键技术研究和应用，采用无线监测、自适应控制和云端技术等，研究其自振频率、结构振型、结构阻尼、等效刚度等动力特性的变化，以及结构楼层的相对水平位移和扭转情况等，并分析其异同点。实现了对该再生混凝土结构的在线监测，收集随龄期及不同施工使用阶段变化的再生混凝土构件和结构性能变化，形成足尺结构长期监测数据库，为再生混凝土的推广提供理论依据，被国家工信部列为2015国家资源再生利用重大示范工程（工信部节【2015】468号文）。

4.5 思考与建议

科技成果的转化和新技术推广应用离不开资源和资金支持，尤其在早期，单靠技术本身难以在市场竞争中立足和发展，更需要政策和标准助推，引导和规范相关工作顺利开展。

（1）加强立法，依法依规办事是建设生态文明前提。因此，标准化建设应鼓励新技术和新产品在实体工程中的应用，根据科研成果及时修订相应的标准规范，而不是反其道而行之，成为制约新技术新产品推广应用的瓶颈。

（2）制订市场应用配套政策，引导市场对再生材料的接受与应用。

（3）强制固体废弃物源头分类：餐厨垃圾、建筑垃圾、生活垃圾、工程渣土。将固体废弃物消纳处置和资源综合利用结合起来，杜绝垃圾外运和随意倾倒。设立高标准的绿色环保型资源再生综合利用工厂，作为城市功能配套设施须与人口规模相匹配并纳入城市规划。

4.6 结语

再生混凝土技术使得建筑业的快速发展与生态环境这对看似不可调和的矛盾出现了新转机，混凝土材料因而华丽转身成为可循环再利用的绿色生态建材。早在《国民经济和社会发展第十二个五年规划纲要》中，政府就已明确提出了资源综合利用的指导意见，把城市建筑废弃物的处理与综合利用列为重点领域，建筑垃圾的减量化和综合利用就是建设领域节能减排，特别是绿色建筑中重点关注的环节之一。

通过示范工程应用，逐步积累再生混凝土在工程应用中的实践经验和数据，指导再生混凝土工程设计与施工，为再生混凝土结构的规范编制奠定坚实基础，从而规范再生混凝土的工程应用，实现安全可靠和可持续发展。推进建筑垃圾综合利用，实现经济效益、生态效益和社会效益的同步推进协调发展，是今后建筑业发展的重点方向，也是打造绿色生态城区的重要举措之一。

参考文献

[1] 朱红兵，赵耀，雷学文，等. 再生混凝土研究现状及研究建议 [J]. 公路工程，2013，38（1）：98-102.

[2] 周静海，何海进，孟宪宏，等. 再生混凝土基本力学性能试验 [J]. 沈阳建筑大学学报（自然科学版），2010，26（3）：464-468.

[3] 徐亚玲. 预拌再生混凝土的研发及其工程应用 [J]. 上海建设科技，2011（02）：54-57.

[4] GB 50010—2010，混凝土结构设计规范 [S]. 北京：中国建筑工业出版社，2010.

[5] DG/TJ—2018—2007，再生混凝土应用技术规程 [S]. 上海：同济大学出版社，2007.

[6] 肖建庄，胡博，丁陶. 再生混凝土早期抗开裂性能试验研究 [J]. 同济大学学报（自然科学版），2015，43（10）：1649-1655.

[7] 肖建庄，郑世同，王静，等. 再生混凝土长龄期强度与收缩徐变性能 [J]. 建筑科学与工程学报，2015，32（1）：21-26.

[8] 肖建庄，郑世同. 再生混凝土梁时变挠度分析与预测 [J]. 工程力学，2017，34（04）：57-62.

第四篇　应用与实践

1　绿色建筑标识评价实践

中国城市科学研究会绿色建筑研究中心
孟冲　何莉莎　韩沐辰　赵娜　盖轶静

从 2006 年《绿色建筑评价标准》GB/T 50378—2006 颁布实施以来，我国绿色建筑已经过了逾十年的发展。在这期间，我国绿色建筑从无到有、从少到多、标准规范不断完善、项目类型不断增多，相关管理制度日益成型，技术水平逐渐提高，产业趋向规模化，绿色建筑即将迎来一个加速普及的时期。

在此背景下，本文对我国绿色建筑、绿色工业建筑、既有建筑绿色改造、健康建筑等评价实践进行总结，对多个类型的评价标识项目进行详细分析，归纳总结对我国绿色建筑及健康建筑发展有积极意义的分析成果，并对我国绿色建筑发展进行展望。

1.1　评价标准浅析

1.1.1　《绿色建筑评价标准》GB/T 50378—2014

（1）主要技术内容

《绿色建筑评价标准》GB/T 50378—2014 是在《绿色建筑评价标准》GB/T 50378—2006 近年来实施情况和实践经验的基础上发展而来，同时分析并借鉴国外相关标准的成熟经验。该标准共分 11 章，主要技术内容是：总则、术语、基本规定、节地与室外环境、节能与能源利用、节水与水资源利用、节材与材料资源利用、室内环境质量、施工管理、运营管理、提高与创新。

（2）评价特点

①适用范围

随着绿色建筑的内涵和外延不断丰富，各行业、各类别建筑践行绿色理念的需求不断提出，《绿色建筑评价标准》GB/T 50378—2014 的参评范围由原标准的住宅和公共建筑中的办公、商场、旅馆，进一步扩展至民用建筑各主要类型[1]，同时评价对象可以为单栋建筑或建筑群。

②评价阶段

绿色建筑评价标识分为“绿色建筑设计标识”（有效期 1 年）和“绿色建筑标识”（有效期 3 年），其中设计评价应在建筑工程施工图设计文件审查通过后进行，并不对施工管理和运营管理 2 类指标进行评价，但可预评相关条文。运行评价应在建筑通过竣工验收并投入使用一年后进行，并应包括 7 类指标。

③评价等级

《绿色建筑评价标准》GB/T 50378—2014 指标分为 3 类：控制项、评分项和加分项。控制项的评定结果为满足或不满足；评分项和加分项的评定结果为分值。依据项目得分情况，绿色建筑分为一星级、二星级、三星级 3 个等级。3 个等级的绿色建筑均应满足所有控制项的要求，且每类指标的评分项得分不应小于 40 分。但总得分分别达到 50 分、60 分、80 分时，绿色建筑等级分别为一星级、二星级、三星级。

1.1.2 《绿色工业建筑评价标准》GB/T 50878—2013

（1）主要技术内容

《绿色工业建筑评价标准》GB/T 50878—2013 共分为 11 章，主要技术内容包括：总则、术语、基本规定、节地与可持续发展场地、节能与能源利用、节水与水资源利用、节材与材料资源利用、室外环境与污染物控制、室内环境与职业健康、运行管理、技术进步与创新。

（2）评价特点

①适用范围

所有建设区位符合国家批准的区域发展规划和产业发展规划要求的工业建筑，可以申报绿色工业建筑标识。相比与绿色建筑，绿色工业建筑增加了对申报企业的要求：工业企业的产品、产量、规模、工艺与装备水平等应符合国家规定的行业准入条件；工业企业的产品不应是国家规定的淘汰或禁止生产的产品；单位产品的工业综合能耗等资源利用指标应达到国家现行有关标准规定的国内基本水平；各种污染物排放指标应符合国家现行有关标准的规定。

②评价阶段

绿色工业建筑评价标识分为“绿色工业建筑设计标识”（有效期 1 年）和“绿色工业建筑标识”（有效期 3 年），同绿色建筑评价，分为规划设计和全面评价两个阶段，规划设计和全面评价可分阶段进行，全面评价应在正常运行管理一年后进行。

③评价等级

《绿色工业建筑评价标准》GB/T 50878—2013 指标分 2 类：得分项和加分项，未设置控制项，但每章节均设置了等同于控制项的必达分条款（共计 11 分）。同样，依据项目得分情况，绿色工业建筑分为一星级、二星级、三星级 3 个等级。3 个等级的绿色建筑均需获得必达分 11 分，总得分分别达到 40 分、55 分、70 分时，绿色工业建筑等级分别为一星级、二星级、三星级。

1.1.3 《既有建筑绿色改造评价标准》GB/T 51141—2015

（1）主要技术内容

《既有建筑绿色改造评价标准》GB/T 51141—2015 共分为 11 章，主要技术内容包括：总则、术语、基本规定、规划与建筑、结构与材料、暖通空调、给水排水、电气、施工管理、运营管理、提高与创新。不同于前两种评价标准，该标准的章节及评价指标按照建筑各个相关专业进行划分。

（2）评价特点

①适用范围

既有建筑绿色改造评价应以进行改造的建筑单体或建筑群作为评价对象，同绿色建筑的要求一致。但既有建筑绿色改造，增加了对扩建面积的要求：评价对象中的扩建建筑面积不应大于改造后建筑总面积的50%。

②评价阶段

既有建筑绿色改造评价也分为设计评价（标识有效期1年）和运行评价（标识有效期3年）。其中，设计评价应在既有建筑绿色改造工程施工图设计文件审查通过后进行，运行评价应在既有建筑绿色改造通过竣工验收并投入使用一年后进行。

③评价等级

该标准指标分类同《绿色建筑评价标准》GB/T 50378—2014，在评分项得分方面有所不同，若既有建筑结构经鉴定满足相应鉴定标准要求，且不进行结构改造时，在满足本标准第5章控制项的基础上，其评分项可直接得70分。星级划分方式同《绿色建筑评价标准》GB/T 50378—2014，但没有每类指标的评分项得分不应小于40分的要求。

1.1.4《健康建筑评价标准》T/ASC 02—2016

（1）主要技术内容

《健康建筑评价标准》T/ASC 02—2016共分为10章，主要技术内容包括：总则、术语、基本规定、空气、水、舒适、健身、人文、服务、提高与创新。不同于以往的建筑类评价标准，该标准在技术内容方面加入了公共卫生、医学、心理学、食品等跨行业的评价指标。

（2）评价特点

①适用范围

健康建筑是绿色建筑更高层次的深化和发展，即保证“绿色”的同时更加注重使用者的身心健康，因此健康建筑评价以满足绿色建筑的要求为前提。其次，健康建筑以全装修的建筑群、单栋建筑或建筑内区域为评价对象。相比其他的绿色建筑体系标准，增加了全装修的要求，毛坯建筑不可参与健康建筑评价。

②评价阶段

健康建筑标识同样分为“健康建筑设计标识”（有效期1年）和“健康建筑标识”（有效期3年），评价阶段同绿色新建建筑。但是，运行评价阶段增加了1年后的复检环节，保障了建筑运行效果的有效性。

③评价等级

健康建筑在指标分类与等级划分方面同《绿色建筑评价标准》GB/T 50378—2014，同样没有每类指标的评分项得分不应小于40分的要求。

1.2 实践案例

1.2.1 基于《绿色建筑评价标准》的实践案例

深圳证券交易所营运中心坐落在中国改革开放的前沿城市——深圳市，周边市政配套完善，交通便利，是一座集现代办公、证券交易运行、金融研究、庆典展示、会议培训、物业管理等为一体的垂直多功能综合办公大楼，实景图见图 4-1-1。

深交所营运中心新大楼于 2010 年 6 月 26 日正式封顶，2012 年 10 月获得绿色建筑设计三星级标识，2013 年 11 月正式投入运营，2017 年 1 月获得绿色建筑运行三星级标识。项目从方案、设计、施工、运营，该项目绿色建筑的理念伴随着项目建设的全周期，并采用多项绿色建筑技术措施，打造了一座绿色、节能、舒适、具有代表性的高品质超高层办公建筑[2]。

图 4-1-1　深圳证券交易所营运中心实景图

该项目采用的部分绿色技术措施如下：

①在抬升的裙楼屋顶打造空中花园，采用了大面积的绿化，在加强屋面隔热效果的同时也为大楼使用者提供了一个舒适、绿色的活动空间。

②采用冰蓄冷制冷系统。深圳供电局提供冰蓄冷的优惠电价，峰谷电价差值可达到 4∶1；冰蓄冷系统在运行中可大大降低年耗电量，减少运行费用，同时增加系统运行的可靠性。

③采用空气源热泵供暖系统。典藏中心、档案中心及高管办公楼层的采暖热源为风冷热泵热水机组，机组设在 16 层和屋顶（H＋242.8m）层机电层内，采暖供回水温度为 50℃/45℃。采暖末端设备：高管办公区、档案库、典藏区、客房采用带热水加热段的四管制空调机组送热风方式供暖，顶楼餐厅、影院和大堂吧采用两管制风机盘管供暖。

④综合节能遮阳技术。项目采用多种遮阳形式降低空调负荷，在节省空调的运行费用的同时避免过强的日光对办公人员视觉和精神上的影响，建筑遮阳措施见图 4-1-2。

图 4-1-2　建筑遮阳措施

1.2.2　基于《绿色工业建筑评价标准》的实践案例

滕州卷烟厂易地技术改造项目位于滕州市经济开发区，距离市中心 13 公里，建设用地面积 355 亩，申报绿色建筑项目认证的厂房有联合工房、生产管理用房、生活配套用房、动力中心及其他辅助用房，总建筑面积为 102064m^2。项目周边公路运输条件优越，有京福、京沪高速公路等，交通运输便利，水、电、气等市政公用工程配套齐全。该项目于 2017 年 5 月获得了绿色工业建筑二星级设计标识，改造效果图见图 4-1-3。

图 4-1-3　滕州卷烟厂易地技术改造项目效果图

该项目按照绿色工业建筑的要求进行设计和落实，在节地、节能、节水、节材、室内外环境控制、建筑运营管理七个方面充分采用了相关的绿色和生态技术，其采用的部分绿色技术措施如下：

①绿化采用乔、灌木及花卉、草坪等复层绿化相结合的形式，绿化植物物种以当地的

乡土植物为主。

②选用发光效率高、寿命长的光源和高效率灯具及镇流器；厂区照明采用分区回路控制，同时采用分时分区控制。

③风机、水泵采用变频控制。

④用能分区、分项计量；智能电力监控。

⑤空调系统设有自动控制系统，自控控制空调系统运行状态、运行参数、报警等，使空调系统处于高效的运行状态，以便节能运行管理。

⑥项目在生活配套用房屋面安装太阳能集热器，以满足生活配套用房淋浴和厨房的热水需求，太阳能系统产热水量占年需求总的 67.97%。

⑦绿化灌溉采用微喷灌方式，喷洒半径小于 5m。

⑧小便器采用感应式冲洗阀及带有水封的小便斗；蹲式大便器采用脚踏式自闭冲洗阀；坐式大便器冲洗水箱采用节型水型水箱，给排水配件均采用配套节水型。

⑨按照用水点水质、水压不同要求，采用分系统供水。

1.2.3 基于《既有建筑绿色改造评价标准》的实践案例

麦德龙东莞商场项目始建于 2002 年，总占地面积 38084m^2，主体建筑为一栋 1 层商场，建筑高度为 10.5m，建筑面积 13143m^2，主要经营日化品、酒类、生鲜、奶制品等，商场实景图见图 4-1-4。经专业机构进行的结构鉴定得出，项目主体结构可靠性为Ⅱ级，抗震性能为Ⅱ级，无需加固能满足使用要求。因此，项目改造范围主要为空调、照明、智能化等机电系统。

图 4-1-4　麦德龙东莞商场实景图

项目于 2017 年 4 月获得既有建筑改造设计标识三星级。绿色改造后不仅提高了项目设备运行的可靠性和顾客购物环境的舒适度，改善员工办公环境，还降低了非可再生能源的消耗，减少碳排放总量，达到项目整体绿色环保的目的。

该项目部分绿色改造技术措施如下：

①更换了全部空调系统，提高了设备能效，并灌注了环保制冷剂，降低了空调能耗。

②增设了一套雨水回用系统，处理后的雨水用于道路冲洗，减少自来水消耗。

③增加了一套冷链热回收系统，回收中温和低温冷凝器余热，制备热水用于生鲜区需要的热水。

④引进了一套光伏发电系统，利于雨篷、幕墙等区域设置光伏发电板，预计可满足门店白天用电。

⑤更新了智能化系统，引进了完善的物联网系统，该系统可实时监控门店设备运行报警状况。

⑥更换了照明灯具，室内照明全部采用 LED 灯，室外庭院灯全部采用太阳能风光互补路灯。

⑦引进了太阳能智能垃圾筒，提高垃圾分类效率。

项目较常规的技术措施，具有成本增量的技术措施主要包括采用光伏发电、太阳能热水、冷链余热回收、节水器具、智能垃圾桶等，总增量成本为 378.11 万元，单位建筑面积增量成本约为 288.64 元/m^2。

1.2.4 基于《健康建筑评价标准》的实践案例

佛山当代万国府 MOMA 4 号楼住宅项目位于广东省佛山市，属亚热带季风性湿润气候，是典型的夏热冬暖地区城市。小区总用地面积 48207.70m^2，总建筑面积 198353.82m^2，采用框架剪力墙结构。获得健康建筑设计三星级认证的建筑为 4 号楼，建筑面积 8658.50m^2，地上 31 层，其中首层架空，地下 1 层，地下室面积 351.14m^2，项目效果图见图 4-1-5。

图 4-1-5　佛山当代万国府 MOMA 4 号楼项目效果图

该项目采用的部分绿色健康技术措施如下：

①卫生间淋浴器设恒温混水阀。可根据设定温度自动调节冷热水混合比例，使出水温度基本恒定，不受水温、流量、水压变化的影响。

②严控灯具选型参数。包括其光源色温不高于4000K，一般照明光源的特殊显色指数R9大于0，光源色容差不大于5 SDCM，照明频闪比不大于6%，照明产品光生物安全组别不超过RG0。

③设置室内外健身活动空间。该项目所在小区室外景观设计总占地面积为210302m^2，景观示意图见图4-1-6。整体设计有儿童活动区、无边泳池、健身步道、健身区，并配备成品健身器材和儿童游乐器械。

④设置专用健身步道。健身步道最窄处1.25m，一期总长278.6m，二期方案将延长形成环型健身步道，健身步道面层采用13厚塑胶面层，达到专用健身步道面层材料要求。

图4-1-6　小区景观示意图

1.3　绿色建筑发展展望

经过逾十年的发展，我国绿色建筑呈跨越式发展态势。2007年3月1日，住建部印发《建筑节能与绿色建筑发展“十三五”规划》，提出“坚持全面推进、坚持统筹协调、坚持突出重点、坚持以人为本、坚持创新驱动”的基本原则，并确定了“全面推动绿色建筑发展量质齐升”的主要任务[3]。这意味着在未来的发展过程中，我国绿色建筑将实施全过程质量的提升，全产业链绿色供给的加强，全领域的绿色倍增。

为促进我国绿色建筑迈向更高的质量和水平，应从现有技术体系入手，深入对绿色建筑的基础研究和关键技术突破，夯实绿色建筑设计理论与基础学科方法，为“绿色建筑倍增计划”提供坚实的理论支撑。此外，全面加强绿色建筑评价能力建设，充分利用信息化手段收集、统计、分析和管理绿色建筑项目[4]，对已获得标识的项目进行持续跟进和质量评估，定期对项目绿色性能进行复核，加强绿色建筑评价标识项目质量的事中事后管理，全面推广绿色建筑管理信息化建设。最后，响应国家政策号召，以增强人民群众获得感为工作出发点，不仅追求绿色建筑的节能、环保、适用、经济，更将绿色建筑的发展深入到健康、美观、人性化的阶段[2]，全面提升绿色建筑性能，改善绿色建筑居住环境品质，通过打造健康建筑项目、既有建筑绿色化改造项目、可再生能源建筑项目等，为住房城乡建设领域绿色发展提供支撑。

参考文献

[1] 林海燕，程志军，叶凌. 国家标准《绿色建筑评价标准》GB/T50378—2014 简介 [J]. 工程建设标准化，2015 (02)：53-56.

[2] 中国城市科学研究会. 中国绿色建筑 2017 [M]. 中国建筑工业出版社，2017.

[3] 住房城乡建设部. 建筑节能与绿色建筑发展“十三五”规划 [Z]. 2017-03-01.

[4] 住房城乡建设部办公厅. 关于绿色建筑评价标识管理有关工作的通知 [Z]. 2015-10-21.

2 《绿色建筑后评估技术指南》（办公和商店建筑版）简介

住房和城乡建设部科技发展促进中心　宋凌　酒淼　李宏军

2.1 背景

近年来我国绿色建筑蓬勃发展，从 2008 年开始评价第一批标识项目，截至 2016 年 9 月底，全国共有 4515 项绿色建筑评价标识项目，累积建筑面积近 5.2 亿 m^2，然而其中运行标识的项目数量仅为 262 项，占标识项目总数的 6.1%。

项目在运行阶段的实施效果如何是真正反映建筑是否绿色、是否低能耗的关键。其效果评价主要需考虑 3 方面影响：一是建筑设计或设备设计指标要求的落实；二是各项技术应用产生的耦合影响；三是使用者行为干扰。目前我国对绿色建筑在运行使用阶段实施效果的评价方法和评价技术手段还尚未全面建立。

为了贯彻国家绿色建筑行动方案，住房和城乡建设部于 2017 年 3 月发布了《绿色建筑后评估技术指南（办公和商场建筑版）》（以下简称《指南》）。该《指南》由住房和城乡建设部科技与产业化发展中心组织清华大学、上海建筑科学研究院、中国建筑设计研究院等 5 家单位共同编制完成。

2.2 编制原则

《指南》编制原则是重点对绿色建筑投入使用后的效果评价，包括建筑运行中的能耗、水耗、材料消耗水平评价，建筑提供的室内外声环境、光环境、热环境、空气品质、交通组织、功能配套、场地生态的评价，以及建筑使用者干扰与反馈的评价。《指南》首次引入主观满意度的评价，主客观相结合、综合全面反映绿色建筑在运行阶段的实际效果。

需要强调的是，我国已制定了《绿色建筑评价标准》GB/T 50378 作为绿色建筑运行评价标识的依据，但其主要侧重于评价绿色建筑采用的技术或措施是否到位，而绿色建筑后评估的重点应是对绿色建筑所有技术和措施在项目运营阶段集成应用后的综合实施效果（设备联合协调、运行正常、高效合理）、建成使用满意度以及人行为影响因素等方面进行的主客观结合的综合评估（如图 4-2-1 所示），一般无需考虑单项技术或措施的到位与否，却包含了单项技术或措施应用中其他可能出现的影响因素，因而更倾向于效能性评价。

对于《指南》的适用范围，有如下考虑：

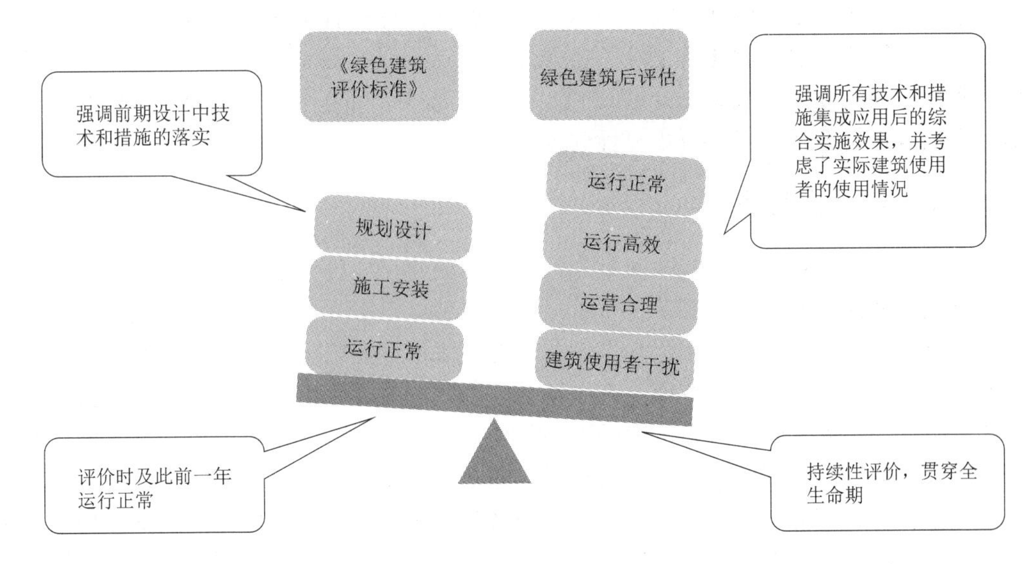

图 4-2-1　绿色建筑后评估与《绿色建筑评价标准》运行阶段评价的区别

（1）鉴于不同建筑类型在后评估中的评价指标差异显著；且自持型办公类和商店类的绿色建筑，从运维成本考虑，往往会自觉地采用绿色设计并落实。为了提高指南的操作性，《指南》（第一版）适用于办公和商店建筑。

（2）鉴于《指南》重点评价是绿色建筑的运行效果，因此，参评项目需为获得绿色建筑设计（或运行）评价标识的项目，满足现行《绿色建筑评价标准》GB/T 50378—2014 的所有控制项要求。

（3）鉴于《指南》评价需要建筑能耗、水耗、室内热环境、空气品质等实时测量数据，为保证评价工作的顺利实施，参评建筑应具有正常运行的能源与环境计量监测平台系统，且投入使用满一年以上。

2.3　各章编制要点

评价指标体系由节地与室外环境、节能与能源利用、节水与水资源利用、节材与材料资源利用、室内环境质量、运营管理 6 类指标组成。每类指标满分为 100 分，最低要求得到 40 分。总得分为各类指标得分按相应权重系数加权相加而得，满分为 100 分。根据总得分，绿色建筑后评估分别为及格、良好、优秀 3 个等级。

2.3.1　节地与室外环境

“节地与室外环境”主要评估绿色建筑对土地的利用、室外环境品质、交通及公共服务品质及场地的生态环境建设或修复情况，包括土地利用、室外环境、交通设施与公共服务、场地设计与场地生态共 4 个一级指标，下设 14 个二级指标包括：建成容积率、建成绿地率、地下空间实际开发利用率，场地光环境、场地声环境、场地风环境、热岛效应控制、废气污染物排放，交通管理措施、交通设施满意度、公共服务满意度，生态复原、雨水外派总量控制、绿化管理制度及效果。

本章一方面强调了对设计期间的模拟或计算值进行建成后实际情况检验核查；另一方面由于建筑使用者的感受对建筑设计落实的反馈机制尤为重要，因此加入了使用者对于室外环境和交通便利度的主观调研，纳入“人”的主观感受因素作为评价内容，以此用于被评估项目的改进提升，并指导可重复性建筑的设计。

2.3.2 节能与能源利用

绿色建筑后评估在节能章节，通过正常运行的能源与环境计量监测平台系统获取建筑的实际能耗，从而分析评价项目在运行阶段的能源利用效率。本章主要包括供暖通风与空调系统节能率、照明系统节能率、动力设备节能、可再生能源利用和节能管理及维护这五个方面。基于办公和商店建筑特征，节能章节编制要点主要考虑以下几方面：①公共建筑的用能量较高，因此节能需求和潜力较大；②公共建筑的用能种类较为繁杂，本着“抓主要、舍次要”的原则，因此仅对供暖通风与空调系统和照明系统进行节能率评价，其他设备能耗可不评价其节能率指标；③设计阶段的某些措施性评价指标如建筑围护结构的热工性能等，在建筑后评估中可不予单独专门评价，合并到供暖通风与空调系统最终节能效果中考查；④节能操作规程和制度建立，对于运行阶段节能大有裨益，因此《指南》中对节能章节增加了此部分内容评价，并提出了两个层次的要求，第一层要求是应具备完善的节能操作规程与应急预案且有效实施，以保障各用能设施在日常运行和突发情况下的正常运行；第二层次的要求是实施能源管理激励机制，这一要求可以通过多种方式实现，如在物业管理机构工作考核体系中设置相关机制、聘请第三方顾问进行合同能源管理，或者与租用者合同中增设相关条款等。

其中，在评估供暖通风与空调系统节能率方面，参考国家《绿色建筑评价标准》GB/T 50378节能章节的要求，本条文提出了“满分建筑”的概念，并开发出“绿色建筑空调系统节能率计算软件”用于计算满分建筑能耗，被评估建筑的能耗数据则应采用该建筑安装的能耗监测平台中的实际运行数据，根据实际运行数据与满分建筑能耗节能率的差异，对供暖通风与空调系统的节能率进行评估、打分。

在照明系统节能评估时，共设置三个条文：系统节能率、系统用能效率和自控面积比例。照明系统节能主要从灯具选型设计和自控两个方面进行评价，若项目可实现照明回路单独计量，则可根据照明回路实际能耗进行系统节能率的评价；若项目照明插座回路合并计量，无法拆分出照明的电量，则可分别采用系统用能效率（评价灯具选型和照明设计）和照明系统自动调节控制的面积比例进行评价。

2.3.3 节水与水资源利用

节水与水资源利用在办公和商店建筑的后评估中也是重要考评内容之一。特别是大型商店建筑的节水问题尤为凸显，包括建筑实际日均用水量、是否实现雨污分流、节水器具的使用效果、节流措施（压力分区运行效果、减压设施运行效果、管网漏损率）、非传统水源利用等。其中，在后评估中不仅考察非传统水源利用率，还需考察非传统水源利用设备是否正常运行，在调研中发现，有些运行项目虽然设计了非传统水源设备，但设备处于停滞或非正常工作状态，对该项应不予得分。此外，本章还增加了用水管理和用户调查的评分内容，体现了水量管理和使用者满意度的重要性。

具体来说，本章包括 6 方面指标：水系统规划、节水器具、节流措施、非传统水源利用、用水管理、用户用水主观调查。其中，“水系统规划”指标是考查水系统规划实施效果，重点包括建筑平均日用水量、雨污分流、景观水体补水这 3 个 2 级指标；“节水器具”指标是考查节水设备器具实际安装情况及运行使用效果，包括 3 个 2 级指标：节水器具运行流量、空调设备或系统冷却节水、绿化节水；“节流措施”指标设定的目的是考查节水设备器具是否高效运行，包括压力分区运行效果、减压设施运行效果、管网漏损率；“非传统水源利用”指标目的是考查非传统水源是否得到合理高效利用，包括非传统水源利用率和非传统水源利用系统使用率等指标，其中最后一个指标是针对当前部分项目中出现已建成的非传统水源设施实际无法运行或不运行的情况，《指南》设置的非传统水源利用系统是否正常运行的评价指标，用以提高已建成的非传统水源设施的使用效率，充分发挥其节水环保效果；“用水管理”指标主要涉及 4 个 2 级指标，是考查建筑运营者或建筑使用者在节水及非传统水源利用等方面管理制度和规范化操作的落实情况，内容涉及节水和非传统水源利用设施管理、水计量装置及分项统计措施、水质和用水量记录、节约用水奖惩机制等；“用户用水主观调查”指标是调查建筑内用户对节水设施和水源使用的感受，包括节水器具使用满意度、供水水量满意度和水质满意度。

2.3.4 节材与材料资源利用

绿色建筑后评估在节材章节重点评价的是材料利用率和消耗水平，对运行使用阶段无影响的设计指标不作评价。结合绿色建筑后评估的特点，节材章节设置主要基于以下几方面思考：①整体评价分为三大组成部分：节材设计、材料选用和节材管理，其中节材管理是国标中未曾评价，但在运行使用阶段至关重要，定期核查管理，有助于确保建筑安全，延长建筑使用寿命；②建筑在运行阶段的二次装修改造不可避免，特别是商店建筑定期更换商户需要进行店面装修，因此，《指南》增加了对绿色建筑二次装修改造的评价指标要求；③绿色建筑的优势是材料的安全环保性、耐久性、可循环可再利用率高等。因此在《指南》中明确提出了基于以上指标的评价内容。与此同时，还增加了可重复利用的家具和设备的评价，突出了运行阶段的绿色建筑在结构和材料方面的特点。

具体来说，“节材设计”部分包括可重复使用隔断（墙）比例、土建装修一体化设计施工、装修改造情况，“材料选用”部分包括结构材料耐久性、装饰材料的耐久性和易维护性、材料安全环保性、可再利用可再循环材料比例、可重复利用家具、废弃物再利用，“节材管理”包括日常检查和维护制度、定期检查和维护记录、装修管理制度和装修过程管控。

2.3.5 室内环境质量

“室内环境质量”是绿色建筑进入运营阶段的最重要评价内容之一，如何兼顾健康、舒适、节能，是营造绿色建筑高品质室内环境的关键。室内环境质量是绿色建筑后评估中最具代表性的一章，主要包括建筑的声环境、光环境、热环境和空气品质四方面指标，采用客观测评和主观调研相结合的手段，对绿色建筑建成使用阶段的室内环境质量进行较为完整的评估，其评价指标多为实测或现场核查，充分体现项目运行阶段的实际状态，同时也可对设计指标进行复核；由于室内环境与使用者感受密切相关，因此，本章增加了主观调研的占比，更充分体现了建筑以人为本、关注使用者感受的建筑设计初衷，在声环境、光环境、热环境和空气品质四方面均设置了主观评价条款，通过对建筑使用者发放调研问卷的方式实现满意度的评估，调研问卷针对不同调研内容一般设置5档满意度水平，即非常不满意、不满意、一般、满意、非常满意，对使用者投票情况进行数据汇总分析后确定满意度水平。通过后评估，改善室内环境运行策略，提升建筑内使用者满意度。

其中，“声环境”方面包括室内噪声级、构件隔声性能、控制噪声传递措施、专项声学设计和室内声环境满意度，“光环境”方面包括天然采光、人工照明和室内光环境满意度，“热环境”方面包括室内温湿度参数、末端可控性和室内热湿环境满意度，“空气质量”方面包括室内污染物浓度、新风量、空气质量监控、污染源控制和室内空气质量满意度。

2.3.6 运营管理

运营管理在绿色建筑后评估中是重要内容之一，因此其所占体系权重也是各章中最高的。结合办公类和商店类绿色建筑在运行阶段的调研结果，后评估在运行管理中结合绿色建筑特点，强调了智能化系统的运行效果，例如：智能化系统能实现运行能耗、室内环境参数等数据实时可视可控、可进行分析比对、实现建筑运行优化控制等要求。与此同时，操作人员的操控水平对建筑运行效果至关重要，《指南》评价中也增加了“对运营管理人员实施业务及服务能力培训和考核”的评价。本章从制度建立、技术管理和环境管理3个方面对绿色建筑开展后评估，尽量避开与前文各技术板块的重叠核查内容，加入了对物业管理、绿色教育宣传、工作环境等内容的核查，从分值设置上重点考察设备设施的维护保养、维修改造、智能化系统的功能实现、垃圾管理等板块。评价的目标是通过后评估，促使绿色建筑的运营制度规范，执行有力，措施到位，效果持续。

其中，“制度建立”方面包括管理体系认证、技术管理制度、培训考核和激励机制、绿色教育宣传、环境服务满意度，“技术管理”方面包括设备系统调试、空调通风系统检查清洗、设备维修改造、智能化系统运行、信息化手段管理，“环境管理”方面包括无公害病虫防治、垃圾分类收集处理和工作环境。

2.4 结语

目前，我国针对绿色建筑的使用后评估处于刚刚起步的阶段，仅是开展一些个案研究，或是根据自身研究需要对建筑节能、节水、环境等某一方面的使用状况和效果进行后评估。希望通过《指南》的发布，可以带动我国绿色建筑后评估工作的蓬勃发展。

3 标准化助推江苏绿色建筑发展

江苏省工程建设标准站　陈军　钟秋爽　许超

绿色建筑作为建筑行业转型发展、创新发展的标志性工作之一，正在全国迅速推进。2005年，国家建设部设立了绿色建筑创新奖，“绿色建筑”这个名词首次进入了人们的视野。2013年1月，国务院转发了发展改革委、住房和城乡建设部联合发布的《绿色建筑行动方案》，提出了“十二五”期间完成新建绿色建筑10亿m^2、到2015年末20%的城镇新建建筑达到绿色建筑标准的目标。十年间，绿色建筑已经逐步被社会认知并认同，各省市都把发展绿色建筑作为推动生态文明建设、促进城乡建设模式转型、构建和谐宜居环境的重要内容和抓手。

江苏绿色建筑经过了跨越式的发展，其发展过程大致如下：2005年获得全国首届绿色建筑创新奖项目；2009年首个绿色建筑评价标识项目在江苏落地；2013年，江苏省政府办公厅印发了《江苏省绿色建筑行动实施方案》（苏政办发〔2013〕103号），提出了“十二五”期间全省达到绿色建筑标准的项目总面积超过1亿m^2、2015年全省城镇新建建筑全面按一星及以上绿色建筑标准设计建造、2020年全省50%的城镇新建建筑按二星及以上绿色建筑标准设计建造的目标；2014年，发布《江苏省绿色建筑设计标准》DGJ32/J 173—2014、率先开展绿色建筑立法。2016年，发布《绿色建筑工程施工质量验收规范》DGJ32/J 19—2015。总体来看，截至2016年底，江苏省的绿色建筑面积达1.45亿m^2（占全国的29%），绿色建筑标识项目数量1394个（占全国的32.3%），绿色建筑的面积及数量保持全国领先水平。

这期间，江苏在绿色建筑技术标准体系建设方面开展了一系列工作，构建了具有江苏特色的绿色建筑发展技术路线和标准体系框架，指导绿色建筑相关标准的制定，相继颁布实施了《江苏绿色建筑设计标准》DGJ32/J 173—2014、《江苏省居住建筑热环境与节能设计标准》DGJ32/J 71—2014、《绿色建筑工程施工质量验收规范》DGJ32/J 19—2015等一系列与绿色建筑相关的地方标准。可以说江苏绿色建筑发展推动一系列标准的制定和实施，同时，这一系列标准的制定和实施又助力了江苏绿色建筑的发展，成了江苏绿色建筑发展的有力技术支撑。下面将遴选一些与绿色建筑相关的地方标准，重点介绍其编制背景、主要特点、主要内容等。

3.1 《江苏绿色建筑设计标准》DGJ32/J 173—2014

3.1.1 编制情况

江苏省是国内最早启动绿色建筑评价标识工作的省份，也是目前国内绿色标识项目最多的省份。在大力推动绿色建筑发展的同时，江苏省一直缺少针对绿色建筑设计标准的系统研究，建筑设计缺乏系统的指导。为了规范江苏省绿色建筑，提高绿色建筑建设水平，根据江苏省住房和城乡建设厅《关于印发〈2012 年度江苏省工程建设标准和标准设计编制、修订计划〉的通知》(苏建科〔2012〕258 号)，江苏省住房和城乡建设厅科技发展中心经广泛征求意见、多次研讨和反复修改，组织编制了《江苏绿色建筑设计标准》DGJ32/J 173—2014（以下简称《江苏绿色建筑设计标准》）。通过对江苏省绿色建筑设计标准研究，可以为绿色建筑工作提供重要的技术保障，是引导相关设计单位、施工单位及各类建设主体按照标准从事有关建设活动、开展绿色建筑评价和建设的标尺和依据；可以为绿色建筑发展提供重要指导，为政府部门制定绿色建筑政策制度提供决策与参考。

3.1.2 主要特点

标准涉及了绿色建筑设计过程中的各专业内容，标准编制以简明、统一、可操作为基本原则，强调绿色技术在各专业设计中的执行和落实。在标准编制过程中，主要遵循以下几方面的原则：(1) 保证绿色建筑一星级标准在全省普遍可执行；(2) 因地制宜，推广适宜江苏地域特色的绿色技术、成果、工艺；(3) 强调“被动措施优先、主动措施优化”的绿色设计理念，各专业间协同合作；(4) 强调可操作性，深化细化设计内容、路线和方法。

3.1.3 主要内容

(1) 标准章节架构更符合设计流程，专业设置更全面。

标准章节架构在满足绿色建筑“四节一环保”的要求下，更符合建筑设计流程，将绿色设计要求和需要采用的技术分解到各个专业，便于绿色技术落实和设计审查，标准章节结构图见图 4-3-1。依照建筑设计流程及分工，按照规划、建筑、结构、暖通、给水排水、电气、景观的架构进行分专业阐述。与《民用建筑绿色设计规范》JGJ/T 229—2010 及其他省市绿色建筑设计标准相比，增设了结构设计和景观设计。首次将景观环境设计编入绿色建筑设计标准，填补了过去绿色建筑设计标识评价中绿化园林无规范文件及审核管理的空白。

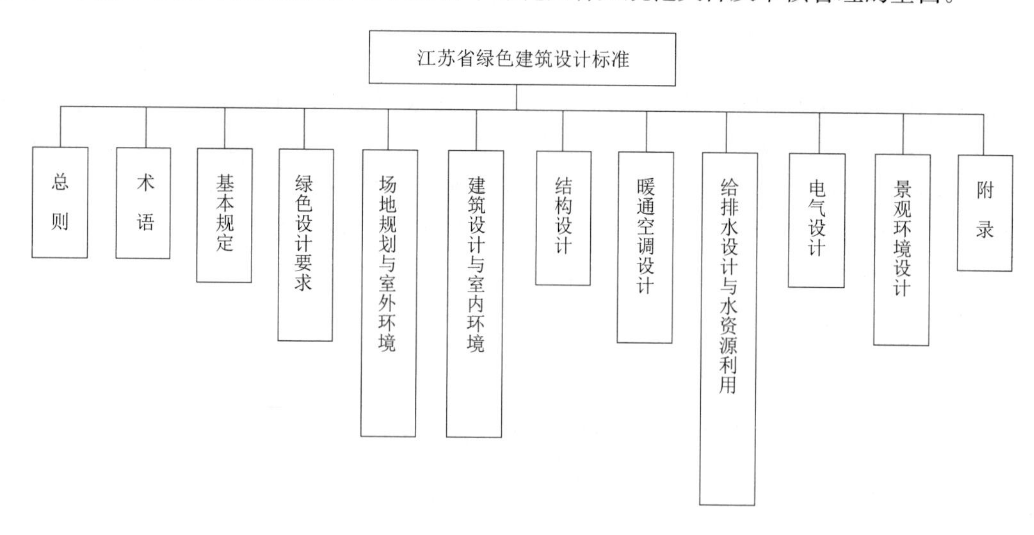

图 4-3-1 标准章节结构图

（2）遵循因地制宜的原则，遵守江苏省各地的城市规划，结合地方气候特征、自然资源条件及经济发展状况，吸收了相关地方标准的技术要求。举例如下：

场地规划章节中根据《江苏省城市规划管理技术规定》相关条文提出“新建住区绿地率不低于30%，人均公共绿地面积不低于1.0 m²；旧区改建项目绿地率不低于25%，人均公共绿地不低于0.7 m²；”并列入强制性条文。结合江苏省经济发展情况提出的“管线设计宜全部地下敷设，提倡使用共同管沟”这一要求高于相应的国家规范。

结构设计章节中根据《江苏省散装水泥促进条例》相关规定提出“现浇混凝土应全部采用预拌混凝土。建筑砂浆应全部采用预拌砂浆。”结合江苏省地方情况提出了“钢筋混凝土结构或混合结构中，钢筋混凝土结构构件受力钢筋使用不低于400MPa级的高强钢筋用量不应低于受力钢筋总量的85%。”

（3）在国家标准基础上进行细化和深化，明确技术路线和方法，能够直接指导民用建筑绿色设计。

标准编制重点在于细化和深化了国家现行绿色建筑评价标准中未明确、细化的内容，便于设计人员和审查人员理解、执行，有效地指导我省绿色建筑设计工作。

3.1.4 实施效果

该标准规范了江苏省绿色建筑规划和设计，形成了具有江苏省地方特色的适宜技术体系。以技术为依托，以标准为导向，逐步建立健全我省绿色建筑发展的推进机制，扩大绿色建筑相关技术的推广应用范围，切实促进我省绿色建筑工作更好更快发展。在实现绿色建筑全面推广目标的基础上，转变江苏省建筑业发展方式和城乡模式，推进可持续发展，促进生态文明建设，实现美丽中国。

3.2 《江苏省居住建筑热环境与节能设计标准》DGJ32/J 71—2014

3.2.1 编制情况

江苏省在20世纪90年代开始了建筑节能试点工作，2001年编制了《江苏省民用建筑热环境与节能设计标准》DB 32/478—2001，将建筑节能指标从试点阶段的30%提高到50%，考虑到江苏省的实际情况，其控制性指标要求比当时国家行业标准《夏热冬冷地区居住建筑节能设计标准》JGJ 134—2001略高。2008年江苏省对居住建筑节能设计标准进行了修订，更名为《江苏省居住建筑热环境和节能设计标准》DGJ32/J 71—2008（以下简称《江苏省居住建筑热环境和节能设计标准》），调整了部分城市的气候分区，重新设定了节能50%的强制性控制指标，并增加了节能65%的推荐性控制指标，调整了其他部分设计参数。

为进一步提高江苏省建筑节能水平，根据《江苏省“十二五”建筑节能规划》的要求，省住房和城乡建设厅组织开展了江苏省建筑节能65%技术路线的研究，并将新建居住建筑全面执行节能65%的标准作为“十二五”的重要工作目标。根据该目标要求，下达了进行《江苏省居住建筑热环境和节能设计标准》修订的任务，将其列入了江苏省工程建设标准编制和修订计划。

3.2.2 主要特点

（1）区分了主动建筑和被动建筑，对室内热环境计算参数、采暖耗热量、空调耗冷量及耗电量指标、围护结构规定性指标及暖通空调设备等方面做了不同的规定。这充分地反映了目前居住建筑的特点、住宅用户的实际需求及用能的实际情况，既体现了标准特色，又具有很好的可操作性。

（2）充分遵照了“被动优先、主动可选”的原则。按照被动优先的原则，通过对建筑的设计、布局、围护结构的性能指标规定，促进被动手段的应用，以尽可能多地利用自然通风、日照等自然能源，使建筑在获得一定舒适度的前提下耗能较小。

（3）对外门窗性能的要求大幅提高，这反映了外围护结构各种构件的实际节能贡献，又有助于提升住宅的品质和居住环境质量，并促进相关行业技术水平发展。

（4）提高暖通空调设备的能效要求，并具体化相关规定；细化促进可再生能源建筑应用的规定，使之更具可操作性。这有助于提高住宅的整体能效，提升居住环境质量，并反映行业的技术进步。

3.2.3 主要内容

《江苏省居住建筑热环境和节能设计标准》共分 8 章，主要内容包括：总则，术语和符号，设计指标，建筑热工设计的一般规定，围护结构的规定性指标，建筑物的节能综合指标，供暖、通风和空气调节的节能设计，生活热水供应。具体内容如下：

（1）建筑节能率的提高

原标准节能 50％为强制性要求，节能 65％为推荐性要求。本次修订取消了原《标准》中节能 50％的要求和相关的节能技术指标，对原《标准》中 65％推荐性节能指标进行了合理的调整，提出了节能 65％的强制性节能技术指标。

（2）区分主动建筑和被动建筑

标准从工程应用的角度将不设置集中空调和集中采暖系统的节能建筑定义为被动建筑，被动意味着建筑主要利用被动式策略和技术，获得一定的舒适度。在被动建筑的基础上加设了集中空调、供暖系统的节能建筑定义为主动建筑。主动建筑又分为两类：Ⅰ类为仅集中供暖的建筑，Ⅱ类为集中空调（夏季制冷且冬季供暖）的建筑。对夏热冬冷地区，建议优先采用被动建筑；当进行主动建筑设计时，建议采用Ⅰ类主动建筑；对寒冷地区，不推荐Ⅱ类主动建筑。主、被动建筑的选用见表 4-3-1。

主、被动建筑的选用 **表 4-3-1**

地区	被动建筑	主动建筑	
		Ⅰ类	Ⅱ类
夏热冬冷	宜优先采用	如进行主动建筑设计，宜采用	可采用
寒冷	可采用	可采用	不宜采用

（3）外窗性能改善

标准大幅度提高了外窗热工性能要求，传热系数要求大致从 3.0W/（m^2·K）提高到 2.0～2.4W/（m^2·K）之间，系列二严于系列一。如前所述，标准还增加了被动建筑东、西、南向外窗冬季遮阳系数的下限值指标，以满足冬季被动采暖需要。

（4）加强内围护结构保温要求

加强了内围护结构的保温要求，并且规定当内围护结构不满足要求时不得进行性能性指标设计。而楼板噪声干扰则一直是居住建筑楼上下邻里矛盾的热点，分户楼板建议可采用隔声垫、浮筑楼板等做法，既解决了分户保温问题，又提高了上下层之间的隔声性能。

3.2.4 实施效果

本标准修订反映了江苏省自身鲜明的气候、地域特点以及居民实际用能模式，不仅体现了近年来江苏省65％建筑节能技术路线的研究成果，吸纳了大量省内优秀节能建筑案例实践经验，更是全省建筑节能研究、设计、施工图审查、政府监督、地产开发等行业人员集体智慧的结晶，该标准在我省建筑节能工作中发挥着重要作用。

3.3 《绿色建筑工程施工质量验收规范》DGJ32/J 19—2015

3.3.1 编制情况

2015年3月27日，《江苏省绿色建筑发展条例》由江苏省第十二届人民代表大会常务委员会第十五次会议通过，自2015年7月1日起施行。《条例》第二十二条规定："建设单位组织工程竣工验收，应当对建筑是否符合绿色建筑标准进行验收。不符合绿色建筑标准的，不得通过竣工验收。县级以上地方人民政府建设主管部门发现建设单位未按照绿色建筑标准验收的，应当责令重新组织验收。"按照《条例》的要求，为进一步完善工程建设全过程管理，结合江苏省地方特点，为绿色建筑施工质量验收提供强制性标准依据，强化绿色建筑闭合监管，编制了《绿色建筑工程施工质量验收规范》DGJ32/J 19—2015（以下简称《绿色建筑工程施工质量验收规范》）。

3.3.2 主要特点

（1）以绿色建筑分部工程验收全面取代建筑节能工程验收。根据《江苏省绿色建筑发展条例》第二十二条规定，"建设单位组织工程竣工验收，应当对建筑是否符合绿色建筑标准进行验收"。绿色建筑工程是以建筑节能工程为基础，内容多于建筑节能工程，如果对绿色建筑工程进行了验收，又再对建筑节能工程进行验收，会有较多重复的部分，因此标准对建筑工程分部工程验收划分做出了调整，即"绿色建筑分部工程验收后，不再对建筑节能分部工程进行验收"。

（2）通过明确的强制性要求确保绿色建筑工程施工质量。《标准》共设16条"强制性条文"和300余条"应执行"条文。其中，16条"强制性条文"依据现行标准规范，将已有强制性要求或者涉及健康安全的内容纳入，必须严格执行。300余条"应执行"条文依据《建筑工程施工质量验收统一标准》GB 50300、《建筑节能工程施工质量验收规范》GB 50411和《江苏绿色建筑设计标准》DG J32/J 173等标准内容，充分考虑江苏省地方特色，使我省绿色建筑工程的施工验收过程将有绿色建筑标准可依。

（3）操作性强，便于在实际工作中执行与落实。标准按照绿色建筑子分部工程和分项工程进行了章节划分，增设了"现场检测"和"绿色建筑分部工程质量验收"章节，并对

“绿色建筑工程进场材料和设备复验项目”、“绿色建筑工程现场检测项目”设置了附录，对各分项工程主控项目和一般项目的检验方法、检查数量都做出了详细的规定，切实指导施工过程并对施工现场质量验收环节提供操作依据，确保绿色建筑工程施工质量符合设计要求和相关标准的规定。

3.3.3 主要内容

《绿色建筑工程施工质量验收规范》共19章，内容包括总则、术语、基本规定、墙体工程、幕墙工程、门窗工程、屋面工程、地面工程、供暖工程、通风与空调工程、建筑电气工程、监测与控制工程、建筑给水排水工程、室内环境、场地与室外环境、景观环境工程、可再生能源建筑应用工程、现场检测、绿色建筑分部工程质量验收等内容，适用于新建、改建和扩建的民用建筑工程中绿色建筑工程施工质量的验收。

3.3.4 实施效果

《绿色建筑工程施工质量验收规范》补充了绿色建筑工程全生命期中质量验收的重要环节，为江苏省绿色建筑工程施工质量验收提供科学依据，对绿色建筑工程形成闭合监管，对提高绿色建筑品质，起到重要的约束引导作用。

在前期落实《江苏绿色建筑设计标准》的基础上，《绿色建筑工程施工质量验收规范》在全省开展了数次大规模的标准培训、宣贯活动，参加人员包括市县管理部门、开发建设单位、施工监理单位、质量监督单位等管理和技术人员。通过以点带面的宣贯学习，使他们真正了解标准的要求，掌握标准的内容，自觉执行落实好标准。广泛利用各类新闻媒体和宣传工具，创造良好的社会氛围，发挥社会监督作用，提高了工程建设参建单位自觉执行《绿色建筑工程施工质量验收规范》的主动性。

自《绿色建筑工程施工质量验收规范》实施以来，我省建筑节能验收已全面由绿色建筑分部工程验收取代。标准的实施，推动了全省每年新增1亿平方米绿色建筑工程的施工验收，全面完善了我省绿色建筑闭合监管，标志着我省绿色建筑发展进入新的阶段。

3.4 结语

从标准化角度看，在绿色建筑方面，江苏已经着手建立了以《江苏绿色建筑设计标准》、《江苏省居住建筑热环境和节能设计标准》、《绿色建筑工程施工质量验收规范》为核心的一系列标准，上述三本标准的实施也在一定程度上反映了江苏在绿色建筑标准化工作方面的进程。据统计，截至2017年5月，江苏省发布实施与绿色建筑相关的地方标准共计89项，涉及规划、建筑设计、建筑结构和材料、检测评估、管理验收等。这些标准的制定使得江苏省的绿色建筑标准体系更加完善，这些标准的实施对推进江苏绿色建筑的发展起到了规范促进作用。应该说，标准化工作有力地助推了江苏省绿色建筑的发展。

4 《建筑环境数值模拟技术规程》DB31/T 922—2015

上海市建筑科学研究院（集团）有限公司 杨建荣 季亮 张颖

4.1 编制背景

近年来，国家大力发展绿色建筑，绿色成为国家“十三五”发展理念之一，绿色建筑也如同雨后春笋般发展起来。根据国办发 2013 年 1 号文的“绿色建筑行动方案”的规划，“十二五”期间完成新建绿色建筑 10 亿 m^2；到 2015 年末，20％的城镇新建建筑达到绿色建筑标准要求。

绿色建筑应在设计阶段达到绿色建筑标准，这也是实现绿色建筑最有效、最节约成本的环节。在设计过程中计算机仿真技术逐渐成为绿色建筑工程师的必要工具，基于计算机数值模拟结果进行设计优化成为必要环节。计算机数值模拟诸如风环境模拟、光环境模拟、声环境模拟、能耗模拟等，可以根据建筑设计图纸进行虚拟化建模、数字化实验，预测建筑建成后的实际运行效果，从而为设计师优化设计方案提供定性和定量化参考信息，数值模拟技术的研究和应用也由此得到快速发展。然而，数值模拟技术也存在诸多问题。

第一，建筑模拟软件形形色色，不同的软件具有不同的侧重点。如果使用的软件不对口，精度会大打折扣。同时由于建筑工程不同于科研活动，建筑工程往往对设计、施工的时间周期有严格要求，不同的软件有不同的效率。合理选择软件提高效率的同时，也要保证精度。

第二，建筑模拟软件的使用方法缺乏一个框架性、规范化的流程，导致输入数据不规范，模型建立不规范，选择的数学描述不规范，导致软件模拟的精度受到影响。不仅没起到参考作用，反而会误导建筑设计或其他过程。

第三，使用模拟软件的从业人员技术水平参差不齐，使用方法规范性也不尽完善，也影响了数值模拟的精度，使得模拟结果的可信度降低。

第四，数值模拟的报告写法不统一，不同从业人员的数值模拟报告千差万别，必要的报告要素如边界条件、参数设定、简化原则、关键结果等并未完整得到展示和说明，从而报告本身的可审核性和报告之间的可对比性降低。

正因上述问题的存在，亟待相关的规范性文件对数值模拟技术进行规范。在此背景下，上海作为绿色建筑发展的先锋城市，率先针对此问题展开研究，《建筑环境数值模拟技术规程》DB31/T 922—2015（以下简称《规程》）由上海市建筑科学研究院（集团）

有限公司提出，经上海市质量技术监督局于2013年立项，由上海市建筑科学研究院（集团）有限公司、同济大学、上海理工大学、清华大学等作为主要起草单位共同编写。

4.2 编制工作

2013年6月，在绿色建筑快速发展的背景下，为了使数值模拟工具更加有效的服务于绿色建筑的设计过程、校验过程和测评过程，由上海市建筑科学研究院（集团）有限公司提出制订上海市推荐性地方标准《建筑环境数字仿真技术导则》（后经专家建议、质监局认可，更名为《建筑环境数值模拟技术规程》）的项目建议，得到了市质量技术监督局的大力支持，列入了2013年度上海市地方标准制修订项目计划（沪质技监标〔2013〕301号）。

自2013年6月立项以来，标准编制组先后开展了文献调查、软件调研、行业调研、专题会议、技术研究和分析等工作。主要内容包括：

（1）进行有关数值模拟软件功能、原理、应用情况的调研。

（2）依托科研课题，展开数值模拟软件精度的实验研究和案例对比研究。

（3）编制组分工编写、共同讨论，形成标准，主要工作节点包括：

①标准提出单位上海市建筑科学研究院（集团）有限公司协同高校相关专业的专家，组建了核心编制工作团队。同时，为了增加标准的普适性，进一步增加了相关数值模拟软件的软件开发企业和从事本行业的外资企业相关成员，于2013年11月确定了编制组。

②2013年12月，编制组在标委会领导和行业专家的指导下，召开了标准编制的启动会，启动会上明确了标准内容、标准目录、确定了各个重要的时间节点以及各个参与单位的分工。

③2014年5月，标准完成了初稿讨论稿，此后编制组内部为提高标准质量，对初稿进行了多次讨论。

④2014年6月，标准编制组完成了初稿，编制组针对初稿召开会议，针对初稿的条文逐条讨论，细致分析了条文的可执行性、有效性、可能产生的各方面有利影响和不利影响，进而利于标准条文的落地。

⑤2014年11月，标准编制组完成了征求意见稿。编制组面向全国，锁定建筑行业高校、企事业单位的知名专家，向他们展开征求意见，并获得100多条意见。针对这些意见，编制组一一展开讨论并做了修改，形成正式提交的送审稿。

⑥2015年9月，上海市质监局正式发文，确认标准在2015年12月1日发布，并确认标准号为DB31/T 922—2015。

4.3 主要技术内容

本规程主要针对建筑及周边物理环境数值模拟的技术方法进行规范，提供标准的流程性技术内容，以便提高数值模拟的结果精度和横向可比性。民用建筑的绿色化性能主要包括环境和能源方面的性能，本规程主要针对前者进行规范性引导。

本规程规定了建筑热环境模拟（含室外风环境模拟、自然通风模拟、机械通风模拟）、光环境模拟（含天然采光模拟、遮阳有效性模拟）和声环境模拟（室外声环境模拟、室内声环境模拟）三大类建筑环境的技术流程和参数设定方法。标准的主要结构如图 4-4-1 所示。

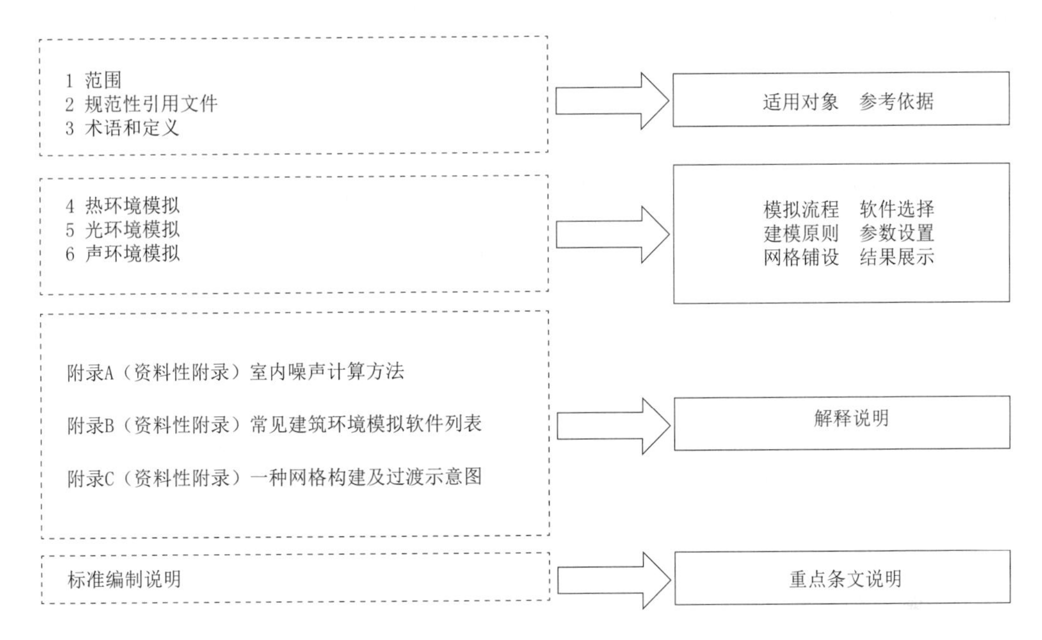

图 4-4-1 《建筑环境数值模拟技术规程》主要技术提纲

以下分别简单叙述各章节技术内容：

4.3.1 第 1～3 章 总则、规范性引用文件和术语

总则对《规程》的编制目的、适用范围、技术选用原则等内容进行了规定，明确了本规程主要适用范围，指出了建筑新建、改建、扩建过程中针对建筑环境进行分析且需要应用到数值模拟工具时均可适用的原则。

总则还简单介绍了标准主要适用的建筑环境类型。总则及其编制说明明确了本《规程》的适用范围是所有建筑，并不仅限于民用建筑或工业建筑等。

规范性引用文件简述了本规程所引用或参照的其他现行有关标准，该章节是质监局发布的标准化文件的必要章节。

术语重点针对《规程》中常用的关键词语进行了明确和定义，对于一些常见于论文但未在国家现行有关标准中明确定义的关键词语也进行了定义。

4.3.2 第 4 章 热环境模拟

本规程中的热环境模拟含室外风环境模拟、自然通风模拟、机械通风模拟。上述三小类模拟尽管具有不同的侧重点，但总体而言，都主要采用 CFD（计算流体力学）工具进行模拟，且主要是为了研究环境里风速、温度等与人体热感觉有关的环境参数，因此统一汇总在本章节。

本章节三个小类型的数值模拟子项是从外到内的顺序逐一介绍，其中室外风环境模拟为纯粹的室外空间；自然通风模拟则是连接室内、室外空间的模拟，包含热压驱动、风压驱动的自然通风模拟；机械通风模拟包括室内空间的仅机械通风模拟，也包括空调、采暖的室内流场模拟。前者和后者的区别在于是否考虑“热”的影响因素。本规程暂不涉及污染物扩散、甚至物质发生化学变化的浓度场模拟，热岛效应模拟，湿度散发、结露等湿度场模拟，但这些模拟中物理模型和其他相通的基本设定可参考本规程。

（1）通用规定

由于本章的三个小类模拟均主要采用 CFD 方法进行模拟，因此具有一些通用的指导性原则汇总在通用规定中。通用规定主要包含了：

- 热环境数值模拟的一般性流程；
- 软件选择原则；
- 模拟结果的应用原则；
- 建模和简化的通用原则；
- 通用的基础边界条件；
- 计算域和特征尺寸；
- 迭代计算的控制参数；
- 编制报告的原则。

（2）室外风环境模拟

室外风环境模拟小节重点针对该部分的特色性内容进行了规定，主要包含了：

- 适用原则：风环境模拟报告的使用范围和使用结果的原则。
- 建模域、计算域等物理模型的确定：这几项主要是与几何尺寸相关的要求。
- 网格构建方法：网格的质量直接决定了数值模拟的结果优劣与否以及数值模拟的结果能否如期获得（即计算收敛），因此做了基本规定。
- 数理模型的选择：数理模型的选择对结果准确与否也至关重要，不合适的数值模型可能导致结果不符合客观实际，也可能无法利用现有的计算资源在有限的时间内获得计算结果。
- 边界条件的设定：介绍了边界条件至少应包含的基本要素和简化边界条件的基本原则。
- 结果判定的参考平面：统一了进行结果对比的参考平面，提高不同从业者所出报告的横向可比性。
- 报告的基本要素：统一了报告应包含的基本要素，从而使报告质量更高，审核人员更容易对报告所述结果的合理性进行审查。

对于本规程所涉及的所有类型数值模拟，基本都包含与上述风环境模拟类似的内容，但不同类型的模拟，内容各不相同。本文后续小节不再进行列表叙述，仅进行文字阐述。

（3）自然通风模拟

自然通风模拟的规范化程序与室外风环境模拟近似，并重点规范了室内边界条件和模拟的流程的选择。

（4）机械通风模拟

大空间空调的气流组织在广义上属于机械通风的一种，因此也归为此类。同样的，本小节的内容组织方式和风环境模拟类似，但具体内容更加专门针对室内空调和机械送风的特色化要求。

4.3.3 第5章 光环境模拟

本规程中的建筑光环境模拟含天然采光模拟、遮阳有效性模拟。其中天然采光模拟主要用以研究建筑室内的天然采光品质，包括地上采光、地下采光和眩光分析；遮阳有效性模拟主要用以分析建筑遮阳构件实际产生的遮阳效果，遮阳效果对室内人体热舒适、空调能耗、眩光都有显著影响，这是热舒适、节能、光环境的综合问题，但一般采用光学的模拟软件即可分析遮阳效果，因此也归类为光环境模拟。

（1）通用规定

与热环境模拟篇章相似，光环境模拟包括遮阳和采光两小类模拟，这两小类模拟也有通用的规定，统一写在通用规定的章节中。正因为这样，本规程保持了格式和风格上的统一性，其使用更加便利。

（2）天然采光模拟

天然采光模拟对适用原则、建模要求、主要参数的选取原则、网格构建方法、结果参考平面进行了规定。天然采光模拟章节还针对当前较具争议的眩光模拟进行了分析，重点规定了模拟的环境条件和取值的参考视角，而这是影响结果横向可比性的两个最重要参数。

（3）遮阳有效性模拟

遮阳有效性模拟首次创新性地提出了设定基准建筑，通过将设计建筑和基准模型在有无遮阳情况下的得热进行对比，表征遮阳有效性。遮阳有效性的主要规范内容包括：适用原则、判定方法、建模要求、网格划分、主要参数设定要求、数据统计的统一时间段、计算报告的核心要素等。

4.3.4 第6章 声环境模拟

本规程中的声环境模拟含室外声环境模拟、室内声环境模拟。其中，室外声环境模拟用来分析室外噪音的传播与扩散；室内声环境模拟用来分析室内外声源对室内噪声的影响。本规程规范了相关流程和设定。

4.3.5 资料性附录

资料性附录作为《规程》的重要补充，为实际执行数值模拟技术提供了参考性文件。资料性附录并非标准的强制性条文内容，而是可选的参考性文件。

资料性附录主要包括：①室内噪声计算方法，②推荐可用的建筑环境模拟软件，③推荐一种适用于风环境模拟的CFD网格构建方法。

4.4 关键技术及创新

《规程》的关键技术及创新主要在于提供了一种方法性规范程序，通过大量的研究和分析，在充分征求业内意见后形成了一种专门针对数值模拟的具有可操作性的规范程序。本规程创新性工作如下：

（1）本规程是全国第一本专门针对数值模拟进行系统性指导的规范性文件。

尽管多地地方标准涉及数值模拟技术并提出了一些建议，但这些建议较为零散，多出现在标准的附录中，其系统性和整体性尚有所欠缺。本规程专门针对各类型建筑环境，从风、光、声、热角度完整系统的规范了数值模拟技术。

（2）本规程兼顾了工程实用价值和学术应用价值。

尽管有很多期刊论文或学位论文对标准进行了大量研究，但这仅限于高校层面，主要用于充分提高数值模拟的精度，而没有充分考虑到工程领域效率方面的需求。本规程兼顾了效率和精度，适用性强。

（3）本规程定义并明确了眩光、遮阳的计算方法。

（4）为了提高标准的可操作性，编制组提出了协调性、适用性、地方性三项原则，基于这三项子原则编制出的《规程》在发布实施后受到了从业人员的广泛好评。

4.5 实施应用

（1）宣贯推广

2016 年 10 月，标准正式获得国家备案，并印刷出版。随后上海市建筑科学研究院（集团）有限公司作为主编单位，在 2017 年 3 月筹划并发起了标准的宣贯培训会，2017 年 3 月 16 日，《规程》宣贯培训会暨绿色建筑模拟技术交流会在宛平南路建科大厦多功能厅成功举办。宣贯会到场嘉宾近 300 人，覆盖了上海建筑设计院、咨询机构、科研院所，以及专业软件公司的业内同仁。

除此之外，后续编制组继续通过线上活动和微信技术交流群，持续推广标准的使用和技术交流。

（2）实施应用

在标准报批稿定稿后，上海市建筑科学研究院（集团）有限公司依托丰富的自有实际工程项目，并将《规程》应用于实际工程项目。

经项目应用成果分析，本规程可操作性强，可指导进行 CFD 模拟、光环境等各种项目的建筑环境数值模拟。本规程通过规范过程、输入参数、计算的控制条件等前期流程从而使结果更加逼近真值，而通过规范模拟报告应包含的内容要素，使报告的可读性和可审核性更强。

经应用发现，本规程具有地区适用性特点，由于本规程是上海市地方标准，有关设定参数方面充分考虑了上海本地的特征，取值以地方性为原则，从而避免了参数设定过程中的随意性，使模拟结果更具有可比性。

5 既有工业建筑绿色化改造特征分析与标准化现状

华东建筑设计研究院有限公司 田炜 李海峰

在城市化快速扩张与经济转型的双重背景下，大量的传统工业企业逐渐退出城市区域，在城市中遗留下大量废弃和闲置的旧工业建筑。如何处理这些建筑是国内众多城市城建领域面临的问题。如果将这些旧厂房全部拆除，从生态、经济、历史文化角度都是对资源的一种浪费。将这些旧工业建筑进行民用化改造再利用符合当前可持续发展的理念，而将既有工业建筑的改造与绿色建筑相结合，则是当前大力发展绿色建筑的背景下，既有工业建筑改造必将经历的路径。

在过去的十余年间，国内在既有工业建筑的改造利用领域进行了多项工程实践。特别是北京、上海、南京等曾经的工业城市，有一大批旧厂房得到改造再利用。但整体来看，改造利用方式较单一，以改造为创意产业园居多，且改造策略以简单的功能和装饰改造为主。随着绿色建筑的兴起，将既有工业建筑的改造与绿色建筑结合成为一种新的趋势。国内也涌现出深圳招商地产南海意库、上海当代艺术博物馆、上海申都大厦、天津天友绿色设计中心等获得绿色建筑标识的优秀工业建筑改造项目，并且有越来越多的旧厂房改造项目贯彻实施绿色建筑理念与措施。

而站在标准规范的角度，过往已开展的改造工程实践均是参照民用建筑相关的改造和设计标准，缺乏专门针对既有工业建筑改造的指导规范和标准。本文结合工业建筑绿色化改造的特征，对现有的标准规范进行梳理分析，以期为未来既有工业建筑绿色化改造标准体系的完善提供参考。

5.1 既有工业建筑绿色化改造的特征

有别于常规的既有建筑改造，既有工业建筑在空间、结构、配套设施、能源利用方式及室内外环境上均与普通民用建筑有很大的不同，对既有工业建筑的改造再利用有其自身的特殊性，特别是考虑融入绿色理念后的绿色化改造。

（1）改造前后的功能变化

既有工业建筑绿色化改造的突出特征是功能的变化。无论改造前是纺织厂、发电厂、加工车间或者仓库，改造后均转变为民用建筑功能。在当前的改造工程实践中，旧厂房改造为办公、商业、酒店、展馆是比较常见的四种功能类型，将旧厂房改造为养老院也是近年来颇受关注的改造利用方式，部分既有工业建筑改造案例见图 4-5-1。由于功能发生转变，从建筑结构到机电的改造设计均受到直接的影响，需要结合改造前后的特点和需求进行充分考量。

(a) 上海申都大厦
(办公，原上海围巾五厂)

(b) 上海国际时尚中心
(商业，原上海国棉十七厂)

(c) 苏州平江府酒店
(酒店，原苏州第三纺织厂)

(d) 上海当地艺术博物馆
(展馆，原上海南市发电厂)

图 4-5-1 既有工业建筑改造案例

(2) 适应功能转变的空间再设计

旧工业建筑的改造再利用，是以功能转变为前提，因此对空间设计也提出了与新建民用设计不同的要求。从绿色化改造角度，实现工业建筑功能转换改造量最小化，是工业建筑有序有效与绿色改造的基础，其中难点在于，如何在丰富多样的工业建筑内部空间与周边环境类型中，抽象其特点，提炼出其与民用建筑功能空间的契合点。

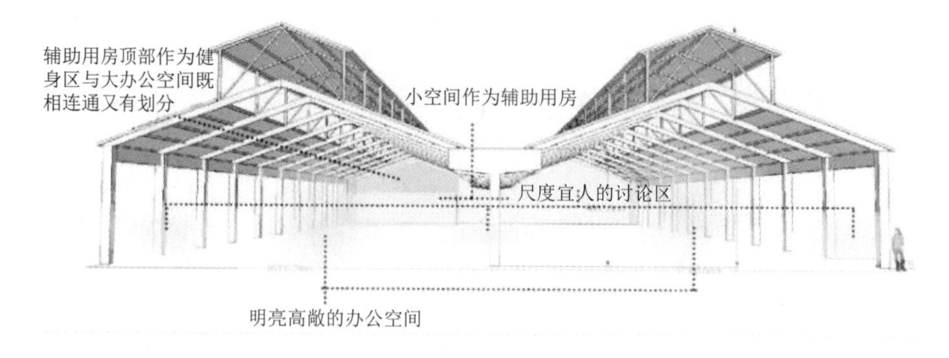

图 4-5-2 多跨排架结构厂房改造为办公的案例分析

以排架式厂房空间改造为办公建筑为例，如图 4-5-2。宜改造成外廊式或内廊式办公或大办公综合式；充分利用排架式高大空间，设置前厅、共享大厅、多功能厅等功能空间；通过分层或局部加层、设置隔墙等手段进行功能分区；办公区需要垂直加层设计；加层后围护结构需要增加开窗面积，同时需要考虑边庭与中庭的预留设置；在建筑端头或主要功能空间之间通过分隔墙划分出辅助用房，其中设备机房宜设置在底层，消控室需要设置在底层有直接对外出口；建筑地基与结构条件允许、周边环境与规划允许时，可适当加建停车等用房，甚至可以增建地下空间。

(3) 结合厂房特征的采光与通风改善措施

由于旧工业厂房通常存在大体量、大进深的建筑特点，造成建筑内部自然通风、采光较难实现，如何通过合理的空间组合与被动式设计，提升改造后的建筑室内环境品质、营造与功能相匹配的自然通风与采光效果，是既有工业建筑改造设计区别于常规民用设计的重点特征之一。

屋面设置天窗是单层工业厂房的一个重要特征，其形式多样，有矩形天窗、锯齿形天窗、平天窗等。不管何种形式，均为改造项目采光和通风利用措施提供了方便。从通风角度，可以利用屋顶天窗设置可开启扇，作为屋顶排风通道，在室内外条件合适时可以促进室内的热压通风。对于多层厂房而言，往往无天窗或天窗只对顶层起作用，下层只能依靠侧窗来提供自然采光或通风效果。当这种厂房改变功能为办公或商场等民用建筑时，如何改善其室内自然环境成为设计要考虑的重点问题之一，特别是对于大空间、大进深的多层平面。增设中庭是其中常见而有效的一种改造技术措施。通过在大进深的平面布局中设置中庭，引入自然光线，缩短空气流动线路，可以比较显著地改善室内自然环境。

(a) 利用矩形天窗采光通风

(b) 中庭通风塔

(c) 开挖内庭院

图 4-5-3 既有工业建筑绿色改造中的采光通风措施

(4) 适应空间特征的机电设计

工业厂房在改造为民用建筑的过程中，其局部的大空间特征往往会保留，从空调设计的角度，如何处理这些大空间的气流组织方式，既关系到室内舒适度，又与空调能耗息息相关，因此是改造设计时的难点之一。以喷口送风为例，实测数据，表明相同送风参数条件下 5.5m 送风比 8.2m 送风室内平均温度低 2.0℃。对于高大空间可以通过降低送风口高度减少空调能耗。对于对室内气流分布均匀性要求不高的大型展览馆、体育场等可以采用降低送风口高度减少空调系统运行能耗。在相同送风参数下，送风量大会增加上部非空调区域对下部空调区域的影响。送风口个数大时，增大送风量对室内温度和速度场的影响较大，同时速度场和温度场更加均匀。

由于既有工业建筑屋面往往存在面积大、径流系数高等特点，甚至屋面材料存在污染性等问题，如何结合其屋面特征来进行雨水回收利用的设计是这类项目的改造特征之一。常规的雨水回用系统设计方法往往设计的雨水收集池偏大、雨水停留时间过长从而影响水质，有必要对大屋面工业建筑的雨水回收利用系统规模计算方法进行优化分析。早期工业厂房多使用沥青油毡屋面，屋面雨水径流中 COD、TN 浓度、浊度、色度都相对较高，对于这类屋面进行改造时，应考虑对屋面材料进行更换或是在原有屋面基础上铺设隔离材质。当屋面无法进行改造时，应结合初期径流雨水污染物浓度变化情况设置弃流系统。

5.2 既有工业建筑绿色化改造相关标准的发展与现状

针对既有工业建筑绿色化改造方面的标准体系发展，以 2016 年为界进行分别介绍。

在 2016 年以前，从国家到地方，均没有专门针对既有工业建筑绿色改造利用的技术规范。大范围上来看，其时既有建筑改造已建立了设计、检测等环节的标准规范，但一方面，从适用范围上针对工业建筑改民用建筑的缺乏，另一方面改造标准内容多侧重于节能改造、结构加固等。

从实际的工程应用角度，既有工业建筑改造项目的各不同工程实施阶段，均是执行现行的民用建筑相关标准。如改造前的结构鉴定，通常依据的是《建筑抗震鉴定标准》GB 50023、《民用建筑可靠性鉴定标准》GB 50292 等；改造设计则依据改造后的功能类型，分别执行各自的办公、酒店、展馆等民用建筑设计规范，以及现行的其他各专项规范标准。在这种体系下，工程项目实践得以进行，但由于缺乏针对工业改民用的特征规定，改造流程和内容的规范性、改造项目的质量，在很大程度上依赖于改造项目团队的技术能力，标准体系的引导作用有所欠缺。

而从绿色建筑评价角度，其时既有工业建筑绿色改造项目申请绿色建筑标识，均是依据国家标准《绿色建筑评价标准》GB/T 50378 或者各地方的绿色建筑评价标准。目前国内获得绿色建筑评价标识的工业建筑改造利用项目，如南海意库、上海当代艺术博物馆、上海申都大厦等，均是如此。

2015 年底，国家标准《既有建筑绿色改造评价标准》GB/T 51141 颁布实施，并自 2016 年 8 月 1 日起正式实施。该标准用于规范既有建筑改造的绿色评价，该标准可为既有工业建筑的改造提供方向性的引导，并为既有工业建筑绿色改造项目的绿色建筑标识认定评价提供依据。但由于工业建筑固有的一些特征（如空间、屋面、结构等），仍然需要技术指导性的规范来指导具体的绿色技术如何在工业建筑改造项目中实施。

2016 年上海市工程建设规范《既有工业建筑民用化改造绿色技术规程》DG/TJ 08—2210 出台。该标准聚焦于既有工业建筑民用化改造中的绿色技术应用，作为国内首部针对既有工业建筑绿色改造的技术规范，填补了行业的空白。

2017 年工程建设协会标准《既有建筑绿色改造技术规程》T/CECS 465 发布，该标准统筹考虑既有建筑绿色改造的技术先进性和地域适用性，选择适用于我国既有建筑特点的绿色改造技术，引导既有建筑绿色改造的健康发展。其适用范围包括了各种不同类型的民用建筑改造，也包括了工业建筑改造后为民用建筑的形式。综合来看，该标准的出台，为既有工业建筑绿色化改造工程提供了技术引导和支撑。但由于该标准需要兼顾不同的改造类型，针对既有工业建筑的特征性规定还有可深化的空间。

5.3 《既有工业建筑民用化改造绿色技术规程》DG/TJ 08—2210—2016 简介

华东建筑设计研究院有限公司以“十二五”国家科技支撑计划课题“工业建筑绿色化改造技术研究与工程示范”研究工作为依托，联合同济大学、上海房地产科学研究院、上海建科结构新技术工程有限公司、上海市建筑科学研究院（集团）有限公司、苏州设计研究院股份有限公司等单位，编制了上海市工程建设规范《既有工业建筑民用化改造绿色技术规程》DG/TJ 08—2210—2016（以下简称《规程》）。

《规程》共编制 8 个章节，涉及改造诊断策划、改造设计、改造施工过程，主要分为：总则、术语、基本规定、诊断与策划、规划与建筑、结构与材料、机电系统与设备、施工与验收。适用范围包括改造前为单层或多层厂房、仓库，改造后为办公、商业、旅馆以及展馆等公共建筑。

《规程》的核心内容在于指导既有工业建筑如何进行绿色化改造，内容体现既有工业建筑改造的特点是标准的主要关注点，也是保证标准编制质量的关键。对于不同类型的厂房（单层、多层），以及不同的改造目标（办公、商业、旅馆以及展馆等），许多绿色技术的应用并不同。因此需要结合改造前后的不同功能，提出针对性的技术措施，纳入标准内容中。各部分所涉及的要点介绍如下：

（1）诊断与策划

对诊断评估内容和方式给予总体要求；场地土壤污染性的评估；原有结构构件的评估；正确评判原有设备及材料的价值等。

（2）规划与建筑

被动节能为主，建筑使用的舒适性优先；场地土壤处理与更新；合理的建筑布局和房间功能布置；结合天窗、中庭、内庭院的采光和通风设计；充分利用原有建筑的大跨度和较高空间，进行加层改造，提高建筑利用率；结合建筑形态的立体绿化设置等。

（3）结构与材料

充分考虑原有结构形式，尽可能利用原结构；合理确定后续使用年限；加固方法考虑不同的改造功能；结合中庭、内庭院、门厅、空间增层的结构设计措施等。

（4）机电系统与设备

强调原有设备的利用，减少改造设备投入；给水排水结合大屋面的雨水利用；结合工业厂房改造特点的冷热源设置；改造为大空间时的气流组织；结合自然采光的照明设计等。

（5）施工与验收

提出既有工业厂房的加固、绿色拆除作业要求；提出绿色施工管理要求，并针对既有工业建筑项目的建筑设备调适进行规定。

5.4 总结与展望

（1）由于城市建设领域转型发展的需要，各地对存量工业建筑的改造利用越发重视。

以上海为例，随着《上海市城市更新实施办法》、《关于本市盘活存量工业用地的实施办法》等政策文件的出台，无论是企业发展的自身需求，还是政府的政策引导，都决定了在未来既有工业建筑绿色改造项目的大量需求，也迫切的需要既有工业建筑绿色改造技术规范体系的进一步完善，为工程项目实践提供更好的支撑作用。

（2）对既有工业建筑的绿色民用化改造，要充分结合旧工业建筑的特点，从空间到机电设备，需要在保留的基础上进行创新。强调被动式设计，结合工业厂房本身的建筑特征，来优化采光和通风改善措施，提升室内环境。充分认识到机电设备在该类改造建筑中应用的特点，选择合理适宜的绿色建筑技术措施，从而实现绿色化改造的目标。

（3）为了更好地指导全国各地既有工业建筑绿色改造实践，在现有的工程建设协会标准《既有建筑绿色改造技术规程》T/CECS 465、《既有工业建筑民用化改造绿色技术规程》DG/TJ 08—2210 基础上，还需要构建适合于全国不同地区的气候特点和厂房建筑特征的既有工业建筑绿色化改造技术规范，以提升全国旧工业建筑绿色改造利用的水平，对于推动全国既有建筑改造工作以及绿色建筑的发展具有重要的意义。

第五篇　对接与借鉴

1 我国绿色建材评价技术发展略览

建研科技股份有限公司 赵霄龙 何更新 张晓然

1.1 绿色建材概念的历史沿革

相当一段时间内我国建材工业面对产能严重过剩、市场需求不旺、下行压力加大的严峻形势，如何尽快有效地改变这一不利局面早已是当务之急。在建材行业推广绿色建材成为社会普遍认同的良方之一。

1988年在“第一届国际材料研究会”上首次提出“绿色建材”的概念。第二次世界大战后，工业化国家经济的飞速发展造成臭氧层严重破坏，温室效应、酸雨、生态环境恶化等一系列全球环境问题日益突出。特别是两次石油危机，使人们逐步认识到保护人类生存环境的重要性，以及通过我们每一个人自身的参与，在经济可持续发展的条件下，保障人类生存空间的重要意义。绿色建材是指采用清洁生产技术，少用天然资源和能源，大量使用工业或城市固态废弃物生产的无毒害、无污染、有利于人体健康的建筑材料，它是对人体、周边环境无害的健康、环保、安全（消防）型建筑材料，属“绿色产品”大概念中的一个分支，国际上也称之为生态建材（Ecological Building Materials）、健康建材（Healthy Building Materials）或环保建材（Recyclic Building Materials）。[1]

1992年，国际学术界明确提出绿色材料的定义：“绿色材料是指在原材料获取、产品制造、使用或者再循环以及废料处理等环节中对地球环境负荷为最小和有利于人类健康的材料，也称之为环境调和材料”。[2]这个定义可以归纳为“四个环节、一个目的”，其中“环节”分别是“原材料获取”、“产品制造”、“使用”和“废弃循环”，这些环节基本涵盖了材料的全生命期。“目的”简而言之就是“利于社会，利于人类”。

在我国绿色建材的概念最早在1999年召开的“首届全国绿色建材发展与应用研讨会”上提出的，即“绿色建材是指采用清洁生产技术，少用天然资源和能源，大量使用工业或城市固体废弃物生产的无毒害、无污染、无放射性，有利于环境保护和人体健康的建筑材料”。相比前述绿色材料关注全生命期过程，这个绿色建材的概念侧重于从建材产品自身的属性。

随着研究应用的不断深入，绿色建材的内涵不断演变、丰富。随着我国建设工程规模的持续扩大，资源能源压力巨大，行业内节能减排的任务越来越重，相关各方面逐渐聚焦绿色建材的研发、生产与应用。2013年初，国家发展和改革委员会、住房城乡建设部共同发布的《绿色建筑行动方案》中将大力发展绿色建材作为我国发展绿色建筑的十项任务之一。至2014年初，住房城乡建设部、工业和信息化部联合印发《绿色建材评价标识管理办法》，正式明确了绿色建材的定义：在全生命期内可减少对天然资源消耗和减轻对生态环境影响，具有“节能、减排、安全、便利和可循环”特征的建材产品。由此，在我国“绿色建材”第一次有了明确了官方定义。同时，这也为我国开展绿色建材推广应用工作奠定了基础前提。

1.2 绿色建材发展面临挑战[1][3]

我国在20世纪90年代初开始着手绿色建材相关工作。在科研方面，国家、地方围绕绿色建筑这一主题开展实施了一系列的重点科研项目，取得了可喜的科研成果。水泥、混凝土、玻璃、保温材料等传统大宗建材产品，无论在产品性能方面，还是环保性能方面，都有了显著提升，不同程度上赋予了绿色的内涵。但应客观承认，我国绿色建材产业目前仍出于起步阶段，发展相对滞后。从宏观层面分析，制约我国绿色建材产业发展的主要问题包括：

（1）我国绿色建材市场整体发展较慢，绿色建材市场仍处在市场导入期，生产供货能力不足，地区发展不平衡。一方面，绿色建材产品品种、规格、功能还不能满足消费者需求，供使用者选择的余地较小。另一方面，绿色建材产品推广应用还未完全获得使用者的认同，同时出现了发达地区与欠发达地区在开发、应用上的差距。另外，绿色建材市场还未形成生产一销售一服务一条龙配套市场体系。

（2）绿色建材产品在整个建材市场中所占的比重很小。相关资料显示，我国的绿色建材产品占建材产品的比重不到5%，而欧美发达国家的建材产品达到“绿色”标准的已超过90%。就涂料生产来说，我国是拥有几千个生产厂家和数百万吨年产量的涂料大国，但因大部分企业属于技术薄弱、装备简陋、管理落后的小型企业，其中80%的产品仍然是性能差、消耗高、污染重、毒性大的聚乙烯醇及缩甲醛类涂料。这就决定了我国涂料工业与国际先进水平之间必然存在着很大差距。

（3）推广应用方面的问题较突出。最突出的矛盾在于缺乏具有公信力的、科学的绿色建材评价制度。以往建材产品绿色不绿色多是有生产方自行宣传，使用者很难鉴别其是否“绿色”，而目前市场上的“绿色建材产品”鱼目混珠，“假绿色建材”或“伪绿色建材”挫伤了用户对绿色建材产品的信心，导致绿色建材产业发展受阻。由此可见，建立一套科学可信的绿色建材评价制度体系，为生产、应用双方提供统一的准绳，已成为我国绿色建材推广应用的当务之急。

再者，因相关标准规范滞后，导致绿色建材发展与应用推广力度不够。科学地确立绿色建材标准体系有利于规范绿色建材发展、引领建材企业转型升级、引领行业进步。可以优先选取技术发展较为成熟、创新水平较高的建材产品和设备开展绿色建材标准化建设，随着研究的开展和市场的完善，逐步扩展到其他产品。

1.3 国家绿色建材评价标识工作进展概况

如何科学地界定绿色建材，是实现我国传统建材产业升级转型的第一步。发达国家为了推进绿色建材产业的发展，制订实施了一系列相关的建材产品的环境标志认证制度，对建材产品本身的使用安全性、环境友好性等提出更加明确、严格的要求。其中典型包括德国的“蓝色天使”、北欧的“白天鹅环境标志”、美国的“绿色证章”、日本的“生态标志”等。借鉴国外的成功经验，我国近些年来也推出了一些与绿色建材产品相关的环境标志认证制度，但是对于建材产品“减少对天然资源消耗”、“安全、便利和可循环”等绿色内涵基本没有体现，所以严格意义上说这些标志并不可能科学全面的界定绿色建材。

“绿色建材评价标识”是我国国家层面首次提出的针对建材产品的绿色标识。自2013年起，多部委陆续出台关于推广绿色建材的相关文件，表达了国家对绿色建材产业发展的重视，将大力发展绿色建材作为建材行业升级转型的抓手，并成为进一步推进我国绿色建筑发展的基础条件之一。2013年1月1日，国务院办公厅以国办发〔2013〕1号转发国家发展改革委、住房城乡建设部制订的《绿色建筑行动方案》，其中重点提及将绿色建材作为重点研发专项加以研究推广，并要求着重发展绿色建材，明确指出“发展改革、住房城乡建设、工业和信息化、质检部门要研究建立绿色建材认证制度，编制绿色建材产品目录，引导规范市场消费”，成了开展“绿色建材评价标识”工作的原点。

在2014年5月，为了尽快确立绿色建材评价标识体系，住房城乡建设部、工业和信息化部联合印发《绿色建材评价标识管理办法》，进一步明确了开展绿色建材评价标识工作的目的，即“为加快绿色建材推广应用，规范绿色建材评价标识管理，更好地支撑绿色建筑发展”。随后，为了科学有效地指导开展具体建材产品的评价工作，由两部委牵头，组织了我国建筑、建材行业的相关科研、生产、应用和管理单位编制绿色建材产品目录，并选取了砌体材料、保温材料、预拌混凝土、建筑节能玻璃、陶瓷砖、卫生陶瓷和预拌砂浆这7大类目前在全行业具有代表性的建材产品，作为首批绿色建材评价标识的目标对象，研究编制针对性的绿色建材评价技术导则。期间，组织完成了《绿色建材评价标识管理办法实施细则》(征求意见稿）的编制。在2015年4月，两部委联合发文《关于征求对绿色建材评价标识管理办法实施细则（征求意见稿）和部分产品技术导则意见的函》(建科墙函〔2015〕47号)，向全社会公开征集意见。在征求意见期间，组织《绿色建材评价技术导则》编制成员单位，选取导则中涉及的7大类建材产品的代表性企业，进行试点评价工作，通过实际测评，对导则的合理性、可操作性和客观性进行验证与修订。后于2015年10月14日，两部委正式以《住房城乡建设部 工业和信息化部关于印发〈绿色建材评价标识管理办法实施细则〉和〈绿色建材评价技术导则（试行）〉的通知》(建科〔2015〕162号）发布这2项重要文件，并确立了绿色建材评价标识图案，基本援引于现行绿色建筑标识。绿色建材标识由低至高为一星级、二星级和三星级3个等级（图5-1-1)。

图5-1-1　国家绿色建材评价标识

此外，在工业和信息化部、住房城乡建设部联合印发《促进绿色建材生产和应用行动方案》的行动目标中具体明确："到2018年，绿色建材生产比重明显提升，发展质量明显改善。绿色建材在行业主营业务收入中占比提高到20%，品种质量较好满足绿色建筑需要，与2015年相比，建材工业单位增加值能耗下降8%，氮氧化物和粉尘排放总量削减8%；绿色建材应用占比稳步提高。新建建筑中绿色建材应用比例达到30%，绿色建筑应用比例达到50%，试点示范工程应用比例达到70%，既有建筑改造应用比例提高到80%。"这也是我国首次在国家政府层面文件中明确量化绿色建材生产应用的预期指标。此外，绿色建材评价标识工作也在该方案中单独作为要点之一明确提出具体要求，具体指明："按照《绿色建材评价标识管理办法》，建立绿色建材评价标识制度。抓紧出台实施细则和各类建材产品的绿色评价技术要求。开展绿色建材星级评价，发布绿色建材产品目录。指导建筑业和消费者选材，促进建设全国统一、开放有序的绿色建材市场。"由此可见，推进绿色建材评价标识工作已经成为国家层面重点关注的工作任务之一。

2016年5月27日，住房和城乡建设部、工业和信息化部（以下简称"两部门"）召开绿色建材评价标识工作座谈会，发布第一批三星级绿色建材评价机构和第一批获得三星级绿色建材评价标识的32家企业、45个产品，由此标志着我国绿色建材评价标识工作正式全面启动。实质性启动开展绿色建材评价标识工作是两部委贯彻落实《中共中央国务院关于进一步加强城市规划建设管理工作的若干意见》、《中国制造2025》和国务院办公厅印发的《绿色建筑行动方案》、《关于促进建材工业稳增长调结构增效益的指导意见》有关要求的重要举措。

截至2017年8月底，我国绿色建材评价标识工作施行已一年有余，各项工作按计划稳步推进，取得预期成效。目前已有16个省市地区确定了地方一、二星级绿色建材评价机构，共计61家单位，并发布实施了相应的地方绿色建材评价标识工作政策文件。已通过评价获得国家绿色建材评价标识的绿色建材产品数量达到354个，其中322个产品获得国家三星级绿色建材评价标识，25个产品获得二星级绿色建材评价标识，7个产品获得一星级绿色建材评价标识。根据执行评价工作的标准化文件《绿色建材评价技术导则》开展7类建材产品绿色建材评价工作情况汇总情况见表5-1-1。

我国绿色建材评价标识颁布情况汇总（截至2017年8月底） **表5-1-1**

产品名称	颁发绿色建材评价标识数量	其中三星级评价标识数量
预拌混凝土	161	138
陶瓷砖	71	71
预拌砂浆	44	41
保温材料	33	32
卫生陶瓷	24	24
砌体材料	20	15
建筑节能玻璃	1	1

目前，绿色建材评价标识已经在行业内建立了相对广泛的认知，并在局部地区的实际工程建设中发挥了积极正面的作用，例如在北京市发布的《北京市建材工业调整优化实施方案》中明确指出“按照《绿色建材评价标识管理办法》，进一步完善评价标识制度和鼓励政策，研究制定不同建材绿色评价标识技术导则，引导企业积极参与绿色建材评价标识；推进绿色建材在我市城市副中心和首都新机场等重大工程的推广应用示范，鼓励建设工程采购使用取得绿色建材评价标识企业的产品，提高绿色建材的应用比率。”目前北京市城市副中心行政办公区的工程建设全部要求使用获得国家三星级绿色建材评价标识的建材产品。有理由相信，随着国家绿色建材评价标识体系朝着标准化方向不断完善和扩充，以及国家、地方配套政策制度的出台实施，绿色建材评价标识工作将持续深入的发展，成为我国建材行业和建筑工程行业开展相关具体工作的科学有力的抓手。

1.4 结语

目前绿色建筑是我国建筑行业深化发展的重点，而绿色建材是绿色建筑的重要基础，绿色建筑将由于绿色建材的使用而显著提升内涵水平，新型绿色建材的出现势必引发整个建材工业的革命。随着绿色建材相关具体工作，如绿色建材评价标识工作的深入开展，及时将绿色建材相关具体要求纳入与绿色建筑相关的具体政策、标准中，实现上下游的实际联系，必将促成绿色建筑倒推绿色建材的互动发展模式。

与此同时，住宅产业化已成为未来建筑业的发展发向，绿色建材是住宅产业化发展的必然要求。应在大力发展住宅产业化的过程中尽可能多的鼓励甚至强制采用相关各类绿色建材产品，进一步带动绿色建材产业的市场需求。

参考文献

[1] 朱捍华. 中国绿色建材市场发展问题研究 [D]. 武汉理工大学，2002.

[2] 陈从喜，顾薇挪. 国内外绿色建材开发研究进展 [J]. 新材料产业，2000，18（11）：11-15.

[3] 刘珊珊. 我国绿色建材发展的探索与研究 [J]. 建设科技，2015（13）：76-77.

2 欧洲标准化概况

住房和城乡建设部标准定额研究所 张惠锋
中国建筑科学研究院 叶凌

2.1 欧洲三大标准化组织

欧洲有三大标准化组织，分别为欧洲标准化委员会（European Committee for Standardization，法语 Comité Européen de Normalisation，CEN）、欧洲电工标准化委员会（European Committee for Electrotechnical Standardization，法语 Comité Européen de Normalisation Électrotechnique，CENELEC）和欧洲电信标准化协会（European Telecommunications Standards Institute，ETSI）。

（1）欧洲标准化委员会（CEN）由 34 个成员国组成，是联结 34 个国家的标准化团体，欧洲标准化委员会包括欧盟（European Union，EU）28 个成员国（注：原包括英国）、欧洲自由贸易联盟（European Free Trade Association，EFTA）中的 3 个成员国以及塞尔维亚、马其顿、土耳其 3 国共同组成。欧洲标准化委员会（CEN）是在 1991 年《建立商标图形要素国际分类维也纳协定》（Vienna Agreement Establishing an International Classification of the Figurative Elements of Marks，简称《维也纳协定》）的框架下，与国际标准化组织（ISO）密切合作的欧洲标准化组织，经由欧盟及欧洲自由贸易联盟的官方认可，负责自愿性欧洲标准的制定工作，为欧洲标准及其他技术性文件的制定与发展创造平台，涉及多个领域如产品、材料、服务与生产流程等。欧洲标准化委员会（CEN）支持不同领域的标准化活动，其中包括航空、化学、建筑、消费品、安全保护、能源、环境、食品与动物饲料、健康安全、医疗、信息和通信技术、机械、材料、压力装置、服务、智慧生活、交通、产品包装等领域。

（2）欧洲电工标准化委员会（CENELEC）主要负责电工工程领域的标准化，由 34 个成员国组成。欧洲电工标准化委员会（CENELEC）是在 1996 年《IEC 与 CENELEC 技术合作协定》（IEC-CENELEC Agreement on Common Planning of New Work and Parallel Voting，简称《德累斯顿协定》）的框架下，与国际电工委员会（International Electrotechnical Commission，IEC）密切合作的欧洲标准化组织。主管电工工程领域自愿性标准的制定，致力于促进国家之间的贸易，开发新型市场及降低成本，尽可能采用国际标准，力求在欧洲层面及国际层面上扩大市场准入。

（3）欧洲电信标准化协会（ETSI）于 1988 年在法国南部法国索菲亚科技园成立，是非赢利性独立的国际组织。欧洲电信标准化协会（ETSI）标准全球通用，经济上摆脱了欧盟委员会支持，虽是欧盟委员会出资，但不是政府机构。由800多个成员组成，广泛分布在五大洲64个国家，欧洲电信标准化协会（ETSI）每年发布2000～2500项标准，自1988年成立以来，已发布超过30000项标准，这些标准包括如GSM™、3G、4G、DECT™、智能卡等全球关键技术标准，以及众多全球成功商业标准。

2.2 欧洲标准化有关情况

（1）欧洲标准化现状。欧洲标准化组织CEN和CENELEC拥有200000余名专家，486个专业技术委员会，1809个工作组，21596项标准。

欧洲标准化系统的目标一是支持和加强欧洲联盟统一市场的成果；二是加强欧洲利益相关方在国际市场的竞争力；三是保障欧洲经济和福利在全球化中的可持续发展；四是确保欧洲在国际标准化过程中的最有效的加入。34个成员国制定的标准不存在与欧洲标准冲突矛盾的现象。欧洲标准化的核心是以欧洲法律为基础，协助满足欧洲立法和市场准入要求，奉行成员国加入原则，成员国的权利和义务是制定的标准防止与ISO、IEC标准的重叠，从而达到利益相关方资源的有效利用。

（2）欧洲法规与标准的关系为标准支撑法规。欧盟的法律基础是欧洲议会和欧盟理事会1025/2012号法规《欧洲标准化》（Regulation（EU）No 1025/2012 of the European Parliament and of the Council of 25 October 2012 on European Standardisation）。欧洲标准支撑40项欧洲指令和法规，其中4300多项标准为欧盟法规提供支持，标准支撑指令的新方法见图5-2-1。

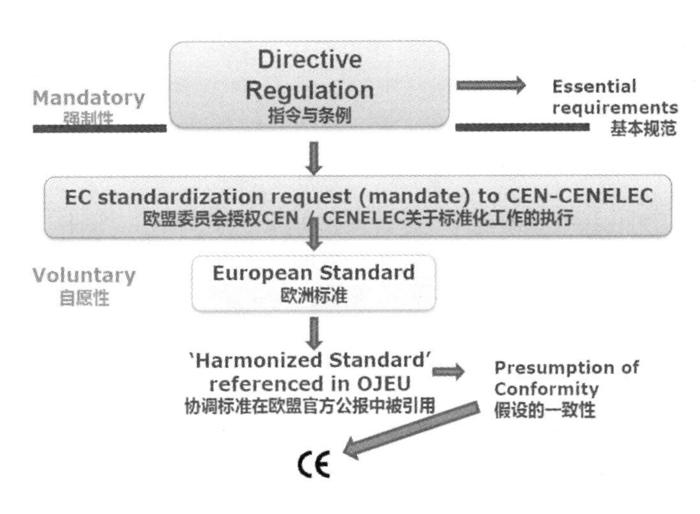

图5-2-1　标准支撑指令的新方法

（3）欧洲标准化组织CEN和CENLEC标准的制定。欧洲标准化组织CEN或CENELEC若要制定新欧洲标准，需成立一个欧洲技术委员会，由一个成员国承担，而其他成员国也要参与到标准制定中来。同时要在各成员国中成立“国家对口技术委员会”（对应欧洲技术委员会），以保证各利益团体在国家的层面，运用自己的语言参与到标准制定中来。这些国家对口技术委员会为标准的起草与投票编写“国家建议”，并提交给欧洲技术委员会。

欧洲标准化的参与原则一是参与国家对口的技术委员会，在欧盟成员国是合法注册的组织；二是欧盟成员国派专家参与欧洲标准化委员会（CEN）和欧洲电工标准化委员会（CENELEC）的委员会相关工作；三是欧盟成员国根据本国技术委员会意见对欧洲标准投票；四是欧洲标准化委员会，欧洲电工标准化委员会的技术委员会由专家制定标准，成员国进行投票。国际标准化组织（ISO）和国际电工委员会（IEC）有相似或者相关工作，则直接去国际标准化组织（ISO）和国际电工委员会（IEC）投票。

（4）欧盟委员会与欧洲标准化工作的关系是：①协调标准化政策，负责与各利益相关方间的合作；②推广欧洲标准，为欧洲立法及政策提供支持，提高欧洲产业的竞争力；③筹备年度联盟工作部署；为欧洲标准委员会、欧洲电工标准委员会、欧洲电信标准委员会制定标准化要求；④为欧洲标准委员会、欧洲电工标准委员会、欧洲电信标准委员会提供资金支持（运营与行动补贴）。

2.3 中欧标准化合作有关情况

欧盟同中国建交40多年来，双方关系取得巨大成就，促进了各自经济增长，当前中欧都在推进经济结构转型调整，合作空间巨大。中欧经贸关系中合作与竞争并存，但合作共赢是主流。现在，双方互补互利的合作格局没有改变，改变的只是合作的方式，从单一的“欧洲投资+中国制造”，增加了“中国投资+欧洲制造”“三方合作”等方式，开辟了“一带一路”建设新领域，双方利益交汇点更多、相互依存度更高。

标准作为扩大产能合作、促进基础设施互联互通和增进经济贸易往来的技术基础和技术规则，在中欧合作中发挥着重要的桥梁纽带作用。中欧标准化合作机制建立15年来，中欧双方在标准化领域开展了卓有成效的务实合作，取得了丰硕的成果，形成了多领域、全方位、深层次的标准化合作良好格局。中欧加强了双边和国际标准化领域的合作，双方就智能电网、电动汽车、信息通信技术、能源管理、智慧城市等重点领域开展了政策和技术方面的交流；开通了中欧标准化信息平台，收录了电子器械、医疗设备、环境保护等10个领域的6万多项标准信息，帮助中欧企业及时获取标准信息，促进了中欧贸易便利化；开展了中欧标准化专家培训项目，先后培训了多批中国专家和后备教师，提高了中国标准化专家的国际标准化工作水平。中国国家标准委已与欧洲标准化委员会、欧洲电工标准化委员会相继签署了合作意向书，就进一步深化合作达成共识，推动中欧标准化合作迈上了一个新的发展阶段。

国家标准委主任田世宏在2015年中欧标准化工作组会议上曾就深化中欧标准化合作提出三点建议：一是深化传统合作。继续发挥现有机制和信息平台作用，加强信息交流和人员互访，加大人员培训力度，加强标准翻译工作，加强面向企业的标准化服务，促进互联互通。二是拓展合作领域。围绕“一带一路”建设和国际产能合作、欧洲再工业化、港口铁路网改造等重大战略和重点领域，加强标准对接合作，开展大宗贸易商品国家标准体系比对分析，推进中欧标准互认，提高中欧标准一致性水平。三是加强国际协调。秉承开放、包容、互惠的理念，在国际标准制修订上开展合作，聚焦双方共同的发展关切，推动共同制定国际标准，支持双方企业或社会组织开展标准化互联互通项目合作，研究建立团体标准国际合作机制。

2.4 可持续建筑与城区有关欧洲标准

对于可持续建筑与城区，欧洲标准化委员会（CEN）设有一个专门的建设工程可持续性技术委员会（CEN/TC 350-Sustainability of construction works）。该技术委员会秘书处现设于法国标准化协会（French Standards Association；法语 Association Française de Normalisation，AFNOR）。目前，该技术委员会已组织编制发布了 2 大主题的 13 部标准。其中，8 项标准为建筑可持续性评估主题；5 部标准（及报告）为环保产品声明主题，具体是：

· EN 15643-1：2010《建设工程可持续性　建筑可持续性评估　第 1 部分　总体框架》（Sustainability of construction works-Sustainability assessment of buildings-Part 1：General framework）

· EN 15643-2：2011《建设工程可持续性　建筑评估　第 2 部分　环境性能评估框架》（Sustainability of construction works-Assessment of buildings-Part 2：Framework for the assessment of environmental performance）

· EN 15643-3：2012《建设工程可持续性　建筑评估　第 3 部分　社会性能评估框架》（Sustainability of construction works-Assessment of buildings-Part 3：Framework for the assessment of social performance）

· EN 15643-4：2012《建设工程可持续性　建筑评估　第 4 部分　经济性能评估框架》（Sustainability of construction works-Assessment of buildings-Part 4：Framework for the assessment of economic performance）

· EN 15643-5：2017《建设工程可持续性　建筑和土木工程可持续性评估　第 5 部分　土木工程的特殊原则和要求框架》（Sustainability of construction works-Sustainability assessment of buildings and civil engineering works-Part 5：Framework on specific principles and requirement for civil engineering works）

· EN 15978：2011《建设工程可持续性　建筑环境性能评估　计算方法》（Sustainability of construction works-Assessment of environmental performance of buildings-Calculation method）

· EN 16309：2014《建设工程可持续性　建筑社会性能评估　计算方法学》（Sustainability of construction works-Assessment of social performance of buildings-Calculation methodology）

· EN 16627：2015《建设工程可持续性　建筑经济性能评估　计算方法》（Sustainability of construction works-Assessment of economic performance of buildings-Calculation methods）

· EN 15804：2012《建设工程可持续性　环保产品声明　建设产品分类核心规则》（Sustainability of construction works-Environmental product declarations-Core rules for the product category of construction products）

· CEN/TR 15941：2010《建设工程可持续性　环保产品声明　通用数据选择和使用的方法学》（Sustainability of construction works-Environmental product declarations-

Methodology for selection and use of generic data）（注：是一部报告，并非标准）

• EN 15942：2011《建设工程可持续性　环保产品声明　企业对企业的交流格式》（Sustainability of construction works-Environmental product declarations-Communication format business-to-business）

• EN 16757：2017《建设工程可持续性　环保产品声明　混凝土与混凝土构件的产品分类规则》Sustainability of construction works-Environmental product declarations-Product Category Rules for concrete and concrete elements（注：归口 CEN/TC 229 预制混凝土产品技术委员会）

• CEN/TR 16970：2016《建设工程可持续性　EN15804 标准实施导则》（Sustainability of construction works-Guidance for the implementation of EN 15804）

此外，另有 1 部报告是：

• CEN/TR 17005：2016《建设工程可持续性　附加环境影响类别和指标　信息背景和可能性　附加环境影响类别和相关指标及建筑环境性能评估的计算方法》（Sustainability of construction works-Additional environmental impact categories and indicators-Background information and possibilities-Evaluation of the possibility of adding environmental impact categories and related indicators and calculation methods for the assessment of the environmental performance of buildings）

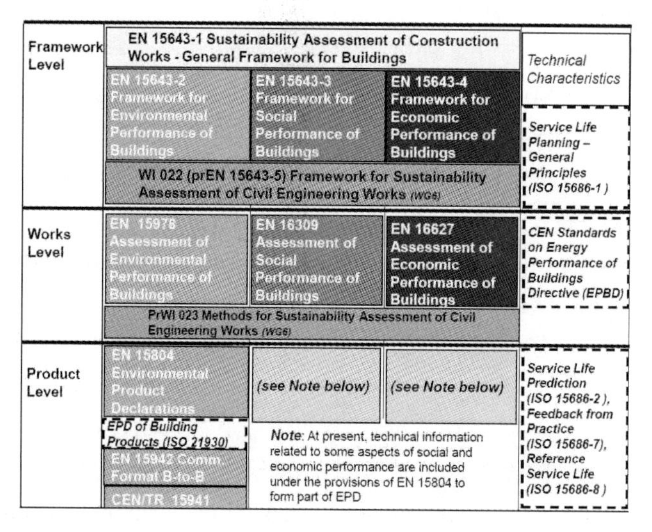

图 5-2-2　欧洲标准化委员会建设工程可持续性技术委员会（CEN/TC 350）归口标准

（注：源自 CEN/TC 350 主席 Ari Ilomäki 于 2015 年 12 月 15 日所做报告）

由上可见：①建筑可持续标准化，既包括建筑性能评估，也考虑构成建筑的部品材料对可持续性的贡献；②对建筑可持续性能的评估，不仅是建筑对环境的索取、排放等的影响，也要考虑建筑的功能与社会属性，回归建筑以人为本的本质，以及建筑工程项目的经济适用性；③建筑的部品材料种类繁多、难以穷尽，故其标准化工作应抓主要矛盾、定核心问题，在可能的情况下适当细化考虑不同类型。值得我国在可持续建筑标准化工作中参考。

需要补充的是，欧洲标准对建筑能效标准化开展较早且成果显著，此系列标准（及报告）已近百部，同样值得予以关注。其涉及的专业技术委员会及标准主要有：

• 建筑能效项目组（CEN/TC 371-Energy Performance of Buildings project group）总体负责此领域项目，有标准、报告各1部，是建筑能效评估的总纲，均被国际标准化组织（ISO）采纳为国际标准；另有规程2部，是标准具体实施的工具。

• 建筑及其部品热工性能（CEN/TC 89-Thermal performance of buildings and building components），有标准7部、报告6部，且均被国际标准化组织（ISO）采纳为国际标准。

• 建筑通风（CEN/TC 156-Ventilation for buildings），有标准8部、报告7部，均为EN 16978系列标准（或报告）。

• 光与照明（CEN/TC 169-Light and lighting），有标准1部、报告1部，均为EN 15193系列标准（或报告）。

• 建筑供暖系统和水供冷系统（CEN/TC 228-Heating systems and water based cooling systems in buildings），有标准16部、报告15部，均为EN 12831、EN 15316、EN 15378、EN 15459系列标准（或报告）。

• 建筑自动化与控制和建筑管理（CEN/TC 247-Building Automation，Controls and Building Management），有标准7部、报告3部。

3 建筑运营阶段碳排放国际标准 ISO 16745：2017 关键内容及对我国的启示

黄 宁

3.1 编制背景

3.1.1 背景和目的

进入新世纪以来，温室气体排放正在成为国际社会普遍关注的焦点，在全球温室气体排放总量中，建筑和建筑业大约占了三分之一[1]。建筑和建筑业占有如此高的份额，使得该领域有责任肩负起引领全球减少温室气体排放量的行动。相比其他行业，建筑行业有更大的潜力和更多的机会来提供快速、深度和有成本效益的温室气体排放减缓方案。

在当前局势下，计量以及报告既有建筑的碳排放对减缓温室气体排放来说非常重要。长久以来，一直没有一个全球认可的一致性和可比性的方法学，用来计量、报告和核查既有建筑的温室气体减排潜力。如果能有这么一个全球性的方法学，它可以被用来计量和报告碳排放，为准确的建筑性能计量基准提供标准，为国家发展目标的设定提供依据，为碳交易提供一个公平竞争的平台。

建筑的运行能耗占去了建筑全生命期总耗能的 80%～90%[1]，因此，对建筑全生命期直接和间接温室气体排放的计量和报告，应重点放在运营阶段上。此前，尚没有关于建筑运营阶段碳排放计量和报告的国际标准。

基于这些背景，国际标准化组织（ISO）决定开发编制一套针对建筑运营阶段碳排放计量、报告和核证的国际标准，即下文将做介绍的 ISO 16745。该标准制定的目的是：通过提供建筑碳排放指标的测量、报告和核证的相关方法学和统一要求，来建立一个全球通用的测量与报告既有建筑温室气体排放（和消除）的方法。

本国际标准旨在方便所有利益相关者（不仅仅是建筑行业），利用建筑的碳排放指标来作商务决策的商人，使用指标来制定政策的政府官员，或者将指标定为评判基准时，均可以使用本标准。

ISO 16745 颁布前，国际上在相关领域有过一些研究，有的国家和组织还出台了类似的标准或体系，详细介绍如下。

3.1.2 工作基础

德国可持续建筑委员会（DGNB）在 2008 年颁布的可持续建筑评估技术体系中，首次对建筑的碳排放量提出了完整明确的计算方法，该方法指出：建筑的碳排放量表现在建筑全生命期中一次性能源的消耗，进而排放出二氧化碳气体。DGNB可持续建筑评估技术体系对于建筑碳排放量的计算原则是：分别计算材料生产与建造、运营使用、维护与更新、拆除及重新利用四个过程中每个步骤的碳排放量并相加，形成建筑全生命期的碳排放总量。计算单位是每年每平方米建筑排放二氧化碳当量的公斤数[2]。

在此基础之上提出的碳排放度量指标计算方法得到了联合国环境规划署（UNEP）的认可。UNEP下属成立的可持续建筑和气候促进会，即UNEP-SBCI（注：该促进会成立于2006年，旨在为全球范围内可持续建筑的发展提供公共交流平台、开发工具和标准、实施示范项目，创始成员大概有30家组织和企业，中国远大集团和汉斯地产名列其中）在DGNB工作基础上开发了自己的碳排放计量和核证体系——Common Carbon Metrics：for measuring Energy Use & reporting Greenhouse Gas Emissions from building operations，但是该体系对前者进行了较大的简化和修订，UNEP-SBCI认为建筑运营阶段产生的碳排放占全生命期的近90%[1]，且运营使用之外的三个过程在计算碳排放量的可行性和准确性上有一定难度，这样会影响标准的实施，因此UNEP-SBCI开发并颁布的碳排放计量和核证体系只考虑建筑运营阶段。ISO 16745标准的制定边界参照了UNEP-SBCI的模式。

3.2 编制工作

按照国际惯例，ISO标准从起草到正式颁布需要五个阶段，即工作小组方案稿（Work Draft，WD）、委员会方案稿（Committee Draft，CD）、国际标准草案稿（Draft International Standard，DIS）、最终国际标准草案稿（Final Draft International Standard，FDIS）、国际标准正式颁布稿（International Standard，IS），一般一个新标准从提议到颁布大约需要4～5年的时间。

ISO 16745作为一项新的国际标准的动议开始于2011年年初，2011年10月在巴黎召开了第一次正式的编制会议，并形成了标准的WD稿，2012年4月ISO TC59/SC17 WG4（以下简称编制组）在北京召开了第二次编制会议（也是唯一在中国举办的一次），因为ISO TC59中国的对接单位是中国建筑标准设计研究院，该院承办了北京编制会，来自日本、英国、加拿大、德国、中国等多个ISO组织成员国以及UNEP的相关代表参加本次会议，各位代表针对WD稿展开了激烈的讨论，本人作为技术专家第一次参加了ISO 16745的编制工作，并在之后的4年中作为中国区的唯一代表基本上出席了关于这个标准的历次编制会议。下面将重点介绍北京会议后在标准制定过程中几次有代表性的会议和时间节点。

(1) 2012年7月，编制组在巴黎召开会议，对WD稿进行讨论和修订，最终形成了标准的CD稿。

(2) 2012年8月2日～10月2日，发布CD的征求意见稿，广泛发送给ISO的22个成员国，投票评议征求意见。包括英国、德国、日本、中国等在内的18个国家做了投票反馈，法国、芬兰、黎巴嫩、瑞士4国未做回应。18个投票国家中的11个同意将完成的CD草稿作为DIS稿提交讨论，但其中德国、日本、挪威、英国4个国家提出了修改意见和建议，他们主要从整体要求、技术条目和文字编辑三个方面提出了122条修改意见和建议；而美国、澳大利亚等5个国家投了弃权票，新西兰和加拿大投了反对票。

（3）2012年10月、2013年1月和3月，编制组分别在东京、柏林和伦敦召开了3次编制会议，主要针对一些国家在CD征求意见稿基础上做的反馈进行逐条讨论，然后对CD稿进行有效修改。伦敦编制会确定尽快完成DIS征求意见稿，并在6月11日前提交进行成员国的意见征求。

（4）2013年8月13日～11月13日，发布DIS征求意见稿，截止日期内共收到美国、英国、日本、奥地利、瑞典、新西兰、新加坡七个国家提出的60条修改意见和建议。

（5）2014年4月和12月，编制组分别在斯图加特和巴黎召开了两次会议对DIS意见反馈进行讨论修订，ISO 16745：2015于2015年4月底颁布。

（6）2017年7月，ISO 16745：2017在ISO网站上正式颁布实施，2017版的标准和2015版基本一致，只是对个别词语表达进行了调整。

3.3 主要技术内容

ISO 16745：2017分为两部分：Sustainability in buildings and civil engineering works— Carbon metric of an existng building during use stage-Part 1：Calculation，reporting and communication（ISO 16745-1：2017）和 Part 2：Verification（ISO 16745-2：2017），ISO 16745-1：2017主要是建筑运营阶段碳排放计量、报告和公布，ISO 16745-2：2017主要是核证。ISO 16745-1：2017是标准的主要内容，该部分共包括6章正文和5个附则：第1～3章分别为“适用范围”、“规范文件引用”、“术语和定义”，第4章为“基本原则”，第5章为“建筑运营阶段碳排放指标计量协议”，第6章为“碳排放计量结果报告与信息公布”；5个附则分别为：“碳排放计量的目的”、“ISO 12655中相关内容：对建筑能耗的定义”、“ISO 16346中相关内容：影响因子或系数的类型”、“VDI 4660第二部分：热电联产系统能源排放指标的分配”、“在ISO 16745和其他文件及概念中与描述和评价建筑引起的温室气体排放相关的内容比较”[3]。

而ISO 16745-2：2017其实可以作为ISO 16745-1：2017的延伸，它仅包含“适用范围”、“规范文件引用”、“术语和定义”三项通用内容和一项重点内容“核证”[4]。

3.3.1 第1～3章 适用范围、规范文件引用、术语和定义

第1章为适用范围，主要从温室气体类型和计量对象两个方面阐述，在温室气体类型方面，ISO 16745-1：2017将计量范围类型分为三种：CM1（只计量建筑直接能耗引起的碳排放）、CM2（计量建筑直接能耗、使用者相关能耗引起的碳排放）、CM3（计量建筑直接能耗、使用者相关能耗引起的碳排放，以及建筑运营中产生的其他温室气体，如建筑清洗、修缮、翻新等带来的直接和间接碳排放，以及建筑制冷剂造成的温室气体排放。）对于一个目标建筑，可根据具体使用情况出相应类型的报告，不难看出，CM1报告是最简单最清晰的，而CM3相对复杂含糊一些。而且，CM1和CM2不是基于生命周期评估来量化的，而CM3可能包含一些由生命周期评估所得的结果量化而来。在计量对象方面，ISO 16745-1：2017规定适用范围包括既有的单体居住或商业建筑，以及商业综合体，但不适宜于引入到整个国家或地区建筑交易市场中。

第 2 章为规范文件引用，介绍 ISO 16745-1：2017 主要参考引用了哪些其他已颁布的国际标准，如 ISO 12655、ISO 15392 等。

第 3 章为术语和定义，解释的术语包括：建筑设备、碳强度、碳计量、冷却、二次能源、能源、能量载体、能源资源、输出能量、燃料、等效能量、温室气体排放系数、温室气体库、温室气体汇、温室气体源、总建筑面积、可再生能源、系统边界、建筑设备、通风等共计 20 个。

3.3.2　第 4 章　基本原则

第 4 章为基本原则，这部分内容主要介绍 ISO 国际标准体系的一贯原则（基本上在任何一个 ISO 的标准都会有同样的这部分内容），即完整性、一致性、关联性、连贯性、准确性、透明性，以及避免重复计算等原则。

3.3.3　第 5 章　建筑运营阶段碳排放指标计量协议

第 5 章为建筑运营阶段碳排放指标计量协议，该部分包含了整个标准的主要内容，共有 3 节组成：系统边界、碳计量和碳强度、温室气体排放量的计算等。

在系统边界部分，更加清晰地对 CM1、CM2、CM3 三种计量报告类型的边界做出了具体规定，其中 CM1 和 CM2 的边界可参考图 5-3-1，边界范围：场地外传输到建筑场地内并使用的二次能源，加上场地内生产的可再生能源并在场地内使用的部分。图 5-3-1 右侧部分自上而下按照用能终端消费类型统计法将建筑边界内碳排放产生源划分为四大类：中央空调和热水、照明和插电式电器、其他建筑电力设备、其他特别用电设备和装置。当我们考虑 CM1 计量报告时，只需要计算那些建筑直接能耗引起的碳排放，也就是考虑：中央空调和热水中的集中采暖和制冷、楼宇换气系统、热水系统；照明和插电式电器中的固定式灯具、插电式灯具、插电式取暖和制冷设备；其他建筑电力设备中的楼宇电梯、其他楼宇辅助设备。而当我们计量 CM2 报告时，则除了上面这些内容，还需要加入：照明和插电式电器中辅助插电照明灯具（如工位台灯）、家用或办公电器（如打印机、电视机等）；其他特别用电设备和装置中包含的全部内容——厨房电器、冰箱冰柜、数据中心专用设备、其他特别功能的装置。

在计算 CM1 和 CM2 报告考虑边界时，有一点需要特别注意，即如果目标场地内有光伏发电系统、热电联产系统、生物质发电系统，而且这三类系统产生的能源对外进行了输出，则输出部分不对场地内使用的能耗做冲抵，但可以附属报告进行说明。

CM3 报告的系统边界应包含建筑内部 CM2 系统中的所有要素，还要考虑所有和建筑及场地内设备在运营阶段引起温室气体排放或消除有关的过程及反应（包括上行过程及下行过程）。比较显著的，这当中应包括建筑的维护系统（清洁、维修、翻新、供水、垃圾处理等系统），以及冷却系统中制冷剂引起的温室气体排放。

碳计量和碳强度部分对于碳计量和碳强度进行了定义，前者指任何连续 12 个月目标建筑产生的碳排放总量，后者是便于不同建筑进行对比，按照比较目的不同可设定不同强度单位，如每平方米全年排放量、人均全年排放量、每单位 GDP 产出全年排放量等。

温室气体排放量的计算部分规定了全部碳排放量通过建筑内不同能源类型和其温室气体排放系数的乘积，然后相加汇总得来，能源类型主要包括：电力、燃气、柴油和汽油、生物质能等。这些能源消耗量通常可从如下途径获得：能源供应商的报告和合同、电费账单、燃料发票、天然气账单、仪表读数、管线测量、能耗管理软件等；场地内生产的可再生能源可从仪表读数获得。关于温室气体排放系数的选取，ISO 16745-1：2017 规定优先顺序为：国家正式公布的数据、独立提供的数据、国际上正式公布的数据等。

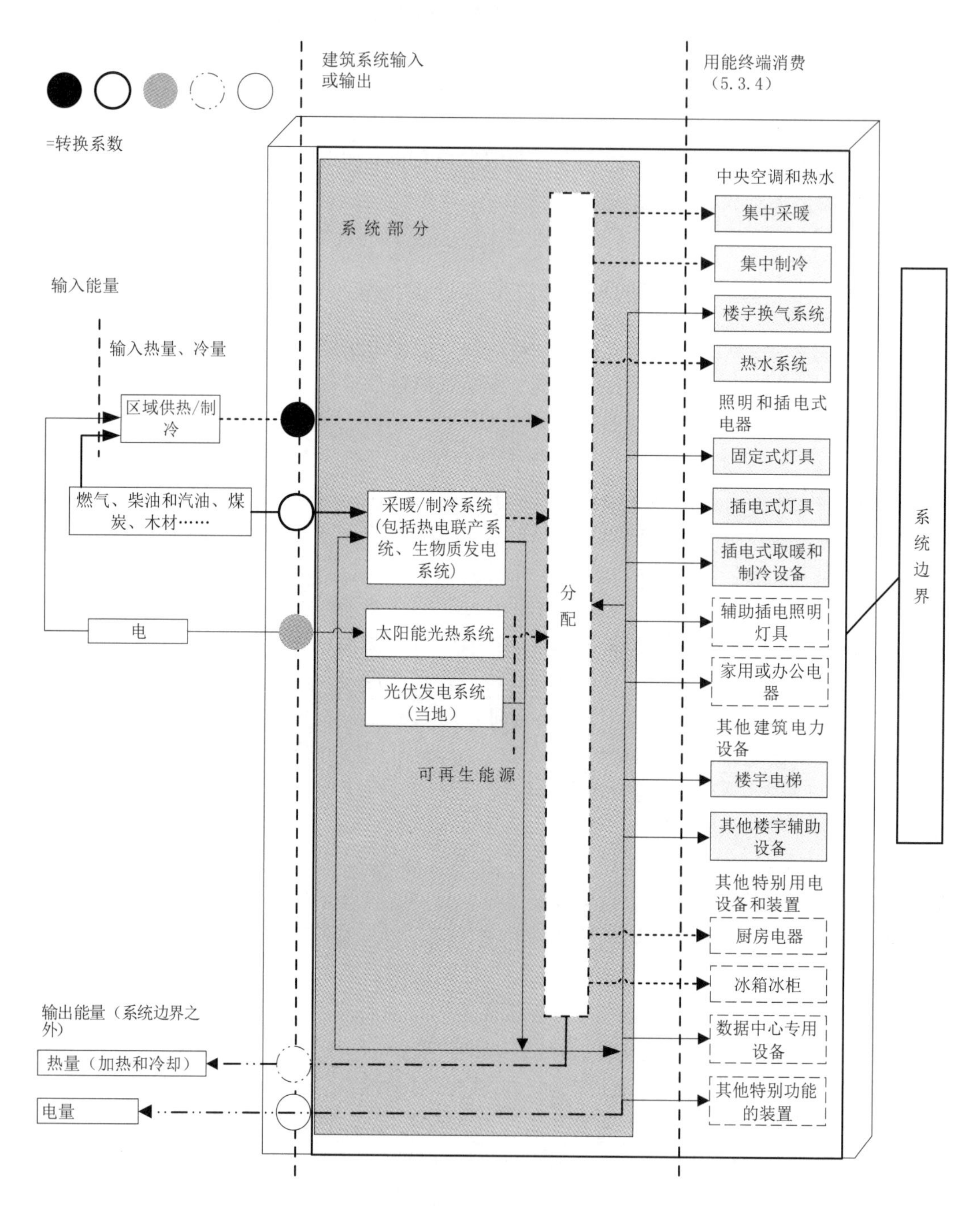

图 5-3-1　边界及能量置换：建筑能耗相关各种能量在边界内及外的流动示意

3.3.4 第6章 碳排放计量结果报告与信息公布

第6章为碳排放计量结果报告与信息公布，报告内容包含：建筑名称和地址；碳计量报告的类型（CM1、CM2或CM3）；碳排放总量值；碳强度值；报告的目的；报告的时长，连续12个月，以月/年-月/年的格式（如07/2013-06/2014）；碳计量指标是否被正规化为年平均条件，如本地气候情况（若是，报告中应包含将指标正规化的方法）；评估的日期；评估机构或个人的名称（自测或第三方测量）；评估委托人；对系统边界的详细展示或描述；包含在对应碳排放指标类型里的终端用户的详细列表；终端能源使用（如供暖、照明、制冷等）是否被计算或估算；能源类型的清单；温室气体排放系数的资料来源（出版物、机构，系数被计算的年份）；建筑年份；最近一次影响到建筑能量使用的重要改造（如暖通空调改造、建筑外围护结构改造）时间；已经投入使用的各项改造（最近的）的年份；总占地面积；位置（国家和气候位置）。

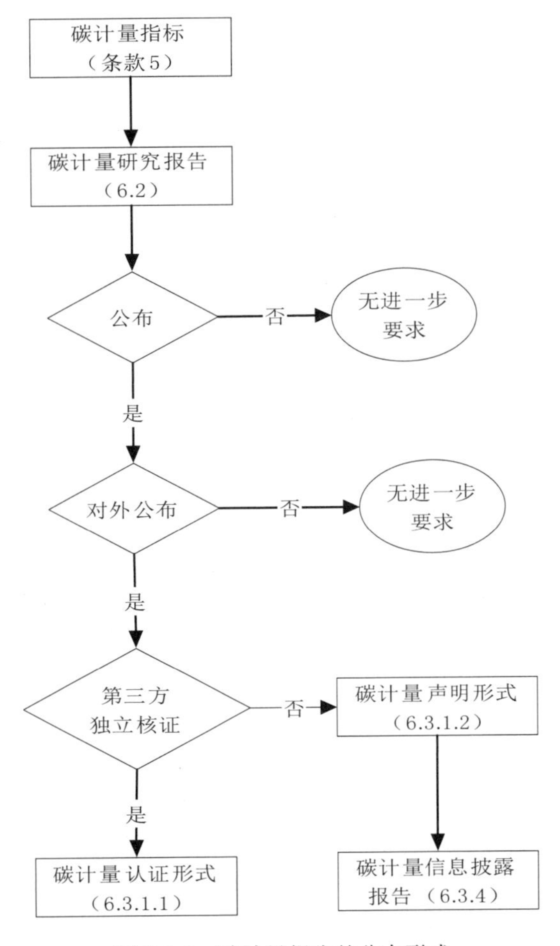

图5-3-2 碳计量报告的公布形式

除了以上20条信息，为了建筑比较的公正性，还需要提供更多关于建筑的具体信息，主要包括：建筑类型和使用，包括多功能建筑；建筑面积（总面积、净面积、辅助面积、居住面积）；楼层数（地上、地下）；占有率（居住人口数量或全日制员工数量、运营计划等)。

而信息公布的形式主要有两种(参见图5-3-2):认证形式(Declaration),即第三方核证的正式报告;声明形式(Claim),未经第三方核证的内部报告,后者虽然不需要第三方独立机构去核算,但对外公布仍然较为正规,一般要通过建筑碳计量信息披露报告的形式对外发布。

3.3.5 附则

5个附则中的"碳排放计量的目的""在ISO 16745和其他文件及概念中与描述评价建筑引起的温室气体排放相关的内容比较"属于对标准正文部分的延伸内容的介绍;而其他3个如"ISO 12655中相关内容:对建筑能耗的定义"、"ISO 16346中相关内容:影响因子或系数的类型"、"VDI 4660第二部分:热电联产系统能源排放指标的分配",则是提供了标准正文中索引部分出处和更详细的解释。具体内容不做赘述。

3.3.6 ISO 16745-2:2017 核证

ISO 16745-2:2017是对ISO 16745-1:2017提出核证的一个具体内容介绍,重点内容为"核证"章节,主要解释了核证对象、核证过程、对核证机构的要求等。

3.4 实施应用及对国内的启示

ISO 16745:2015在当年颁布后,就在欧洲得到了广泛的推介,英国、德国、北欧四国等国家率先将其作为一项新的国际标准引入本国家,英国将其转为自己的国家标准BS ISO 16745:2015。而且作为一项国际标准,其在使用过程中,同时也在做着较小的修订,2015年4月标准颁布后,ISO下属的合格评定委员会(CASCO)就对ISO 16745-2:2015核证分册提出了一些小的修改建议,这在ISO 16745-2:2017中已经做了微调。

ISO 16745在编制过程中得到了多个国家专家的建议和技术支持,英国建筑研究组织(BRE)和标准化组织(BSI)、德国标准化组织(DIN)、法国标准化组织(AFNOR)、加拿大木业协会(CWC)、联合国环境署可持续建筑和气候促进会(UNEP-SBCI)等组织都对标准提出了中肯的建议。标准在边界范围、报告形式等方面对国内起到了很好的启示,总结如下。

(1)计量定位明确,范围清晰

在ISO 16745标准颁布前,和温室气体排放相关的国际标准主要有3个:《温室气体排放报告标准(ISO 14064)》,《温室气体认证要求标准(ISO 14065)》和《商品和服务生命周期温室气体排放评估标准(ISO 14067)》(在英国国家标准PAS2050基础上发展而来)。建筑当前已经成为人类最主要的温室气体排放源之一,但一直没有建筑温室气体排放的国际标准,ISO 16745的颁布填补了这项空白。建筑运营阶段的温室气体排放量占其全生命期的90%左右,因此ISO 16745计量定位十分明确,其考量范围只包括运营阶段(主要是碳排放),摒除掉那些难于计算又占比甚少的建材生产、建筑施工、建筑拆除等阶段的温室气体排放。

(2)计量过程简单,数据易于获得

ISO 16745：2017 规定的计量方法简单，即建筑自身和使用者消耗的各种能源对应的碳排放量总和（常用的 CM1 和 CM2 报告类型），而这些能源活动水平数据易于获得，可以从各种能源账单得到信息，也可以从有关监测计量仪器掌握。

（3）根据报告目的不同，可选择三种报告类型

根据报告目的和范围不同，ISO 16745：2017 规定了三种报告类型 CM1、CM2 和 CM3，通常采用的是 CM1（针对建筑自身能耗计量碳排放）和 CM2（针对建筑自身能耗和使用者相关能耗两部分计量碳排放）。这样可以根据需要去灵活比较建筑基本设施的碳排放效果以及建筑整体的碳排放效果。

（4）真实反映建筑的碳排放水平

ISO 16745：2017 在边界范围上规定包括：场地外传输到建筑场地内并使用的二次能源，加上场地内生产的可再生能源并在场地内使用的部分。场地内生产的可再生能源输出部分不做抵消（但此部分可作为单独项报告），这样就避免了有些标准规定建筑场地内生产的所有可再生能源均应考虑做碳排放抵消的不足之处，更加真实反映建筑的碳排放水准。

习近平总书记在巴黎气候大会上向国际社会承诺：2030 年单位国内生产总值二氧化碳排放比 2005 年下降 60%～65%。建筑业是国内碳排放大户，政府也出台了关于发展低碳建筑和低碳社区的政策，但是和建筑相关的碳排放计量标准却稍显滞后，目前能够公开查询到的相关成果包括：中国建筑科学研究院研究起草的《中国建筑碳排放通用计算方法导则》和中国工程建设协会发布的协会标准《建筑碳排放计量标准》CECS 374。这两个成果在计算建筑碳排放时均采用的全生命周期法，考虑了材料生产、施工建造、运营维护、拆解回收等，计量时较为复杂，而且由于目前运营维护之外的上行和下行过程中碳排放基础数据资料较为匮乏，如国家在建材生产方面的碳排放数据库仍不成熟，这可能会造成一定的结果误差。

《绿色建筑评价标准》GB/T 50378—2014 也首次将建筑的碳排放内容作为直接加分项，其条目 11.2.11 指出：进行建筑碳排放计算分析，采取措施降低单位建筑面积碳排放强度，评价分值为 1 分。说明建筑的碳排放计量分析及减碳措施受到更多重视，并逐步成为建筑环境评价的常规指标。

愿我们可以从国际标准 ISO 16745：2017 汲取更多的启示，早日制定出一个适合中国实情的建筑碳排放计量标准。

参考文献

[1] UNEP-SBCI.（2010）. Common Carbon Metrics：for measuring Energy Use & reporting Greenhouse Gas Emissions from building operations.

[2] DGNB.（2008）. German System of Sustainable Building Certificate.

[3] ISO.（2017）. Environmental performance of buildings — Carbon metric of a building during the use stage — Part 1：Calculation，reporting and communication.

[4] ISO.（2017）. Environmental performance of buildings — Carbon metric of a building during the use stage — Part 2：Verification.

4 建筑新常态 绿色可持续—中德两国绿色可持续建筑的发展及共同前景

德国可持续建筑委员会（DGNB） Johannes Kreissig 张凯
中国建筑科学研究院 叶凌

根据联合国的相关统计数据，如今建筑业已占据了全球能源消耗的40%，全球资源消耗的30%，并产生了占全球总排放量30%的温室气体。所以，建筑业对于全球的可持续发展，起着关键的作用。

绿色建筑，在德国被称作可持续建筑，其概念起始于20世纪60年代。近年来，随着人们对绿色可持续概念的认同和理解的不断加深，以及对各种环境问题的深刻切身体验，绿色可持续的发展已逐步成为世界范围内建筑界的共识。同时，绿色可持续建筑也在全球范围内得到了迅猛的发展。

4.1 可持续建筑概念在德国的发展及简介

4.1.1 历史与发展

可持续发展概念在德国已有了两三百年的历史。而可持续建筑的发展还是近几十年的事情。德国与世界上大多数的工业国家一样，都经历过以牺牲环境为代价，换取经济发展的阶段。20世纪70年代，德国政府和国民逐渐认识到环境破坏的巨大影响，开始大力整治环境问题。各种整治措施中重要的一环就是建筑业。1976年，德国联邦政府颁布了专门针对建筑耗能的《（建筑）节能法》（德语名 Energieeinsparungsgesetz 缩写 EnEG），并以此为基础制定了建筑热保护条例和取暖设备条例等一系列的相关条例和规范，从而开始从制度上规范建筑业的发展。自2002年初，第一版的《（建筑）节能条例》（德语名 Energieeinsparverordnung 缩写 EnEV）正式施行来，以其为基础的《能耗证明》（德语名 Energieausweis），已成为德国境内一般建筑申请建设许可的必要材料。

节能是可持续建筑发展的开始，随着对可持续建筑的理解不断探索，德国的业界人士对建筑可持续性所包含的内容进行了进一步的充实。可以说，德国可持续建筑体系从起初的单纯地强调节能，发展成为对环境质量、经济质量、技术质量、人文质量、过程质量以及区位质量等一系列的核心质量的综合要求。

4.1.2 要点简介

以下简单介绍一下德国主流的可持续建筑理念的一些要点，而这些要点也是德国可持续建筑委员会（德语名 Deutsche Gesellschaft für nachhaltiges Bauen 缩写 DGNB）制定的

DGNB 可持续建筑评估体系的基础和内容。

（1）环境质量

①通过建筑全生命期内的环境影响进行评估（LCA）控制环境影响。

②节能并减少一次能源使用比例，节水和节地。

（2）经济质量

①通过建筑全生命期成本的评估（LCC）控制总成本，尤其是运营成本。

②确保和提高建筑在中长期的商业价值，避免贬值和空置。

（3）人文质量

①更好的用户体验，提高建筑热、声、光和室内空气质量等舒适性指标。

②无障碍、安全、方便使用的建筑。

③更好的建筑设计质量，使建筑能够更好融入城市环境，并提高周边环境质量。

（4）技术质量

①更好的建筑外维护，更好的结构设计，更简单的维护和清洁。

②通过前瞻性的设计，使建筑更适应技术的发展和用户的要求。

（5）过程质量

①整合设计，整合项目信息，方案动态优化是保证可持续建筑概念得以实现的关键。

②施工质量和施工过程的把控，直接影响建筑质量。

③使用者的参与和信息沟通，直接关系到运营过程中建筑的使用表现。

（6）区位质量

①区位质量对建筑商业价值有着不可忽视的影响。

②配套的基础设施及附属设施也直接影响着用户体验。

以上的这些要点涵盖了工程实践中的方方面面，使可持续建筑体系成了一个综合的整体。

4.2 德国可持续建筑评估体系

德国可持续建筑委员会的 DGNB 系统由其创始会员企业和个人共同编制。上百位来自不同专业方向的专家，组成了 20 余个专业工作小组，一同进行编制工作。这些专业工作小组涵盖了几乎所有与建筑相关的专业方向。小组专家根据自己的专业知识和经验以及建筑市场的情况和需求，制定出了各专业方向的可持续发展要求和目标。

4.2.1 目标导向的评估模式

DGNB 系统在编制之初确定了所谓“目标导向性”的评估模式。简单来说，就是确定建筑可持续性的目标，然后根据目标达成的情况对建筑进行可持续性的评估。而如何达到目标，比如是否有特定的设计或设备等，则不在评估范畴。这样，既为各个项目的参与者明确了工作目标和方向，也给予设计师和工程师以最大的工作自由度，从而直接鼓励了创新设计和技术的使用。

上文（4.1.2）所介绍的，DGNB 可持续建筑评估体系要点相互之间的关系，既有相辅相成，也有相互制约。所以，DGNB 所追求的是，在这些要点之间达到一个合理的平衡。这也意味着，所谓的最优的方案并不只有一个，而且这些方案随着项目的进程，应始终处在一个动态的优化状态。

另外，目标导向性的评估模式，在目标质量得到保证的情况下，评估系统里的具体的细节要求，都可以根据实际情况进行修改，甚至是添加和删除。这就赋予了评估系统以极大的灵活性和适应性。

4.2.2 全生命期的评估

建筑的设计、建造、运营及维修拆除等工程阶段都会在DGNB系统中加以关注。尤其是对环境影响和总成本的研究来说，着眼于建筑物全生命期是十分必要的。

根据德国的统计数据，普通建筑全生命期总耗能的大约80%发生在运营阶段，而包括建材生产与运输以及建造在内的建造阶段的耗能，仅为总耗能的约20%。而从全生命成本来看的话，医院类建筑的运营成本在投入运营大约10年后，就已经是建造成本的两倍。而相应的工业建筑和办公建筑在运营约20年和30年后，其运营成本也会达到建造成本的两倍（数据引自Energy Manual，Edition DETAIL）。

通过全生命期的评估，业主和投资者就可以从设计阶段开始明确任务和目标，有效地规避项目风险。而对使用者来说，在购买或租赁建筑的时候，可以得到一个未来运营阶段环境影响和运营成本的基本信息。

4.2.3 发展和推广模式

在德国，绿色可持续的概念深入人心，得到了大多数国民思想上的认同和行动上的支持。建立在这个基础上的可持续建筑理念，在发展和推广过程中，难度相对较低。

具体到建筑市场，一方面，在德国可持续建筑从理论到实践已比较成熟，从事建筑可持续性咨询的专业人员数量较多，质量较高，能够为客户提供全过程全方位的可持续建筑咨询，整个建筑业已熟悉并接受了全过程咨询的模式。并且，业主和投资方也相对地更愿意为建筑可持续咨询投入相应的资金。另一方面，可持续建筑为业主、投资方和使用者又带来实际的回报和益处，形成了正面的市场反响。通过这个正面的市场反响，又有更多的企业和个人接受可持续建筑的理念，并加以积极的推广和实践，这样就产生了一个良性的市场循环。可以说，绿色可持续正在快速成为建筑业的常态。

这里必须说明的是，绿色建筑或者说可持续建筑的评估和认证，仅仅是促进建筑可持续性提高的手段，而不应该成为最终目的。对建筑的可持性起到最关键作用的是，全过程对建筑绿色可持续目标要求的执行和不断的动态优化。只有这样，提高建筑质量、提高建筑的可持续性的目标，才能以最小的成本，得到最好的实现。也只有这样，绿色可持续的建筑的优势才能得以真正体现，为业主和用户带来实实在在的好处，从而得到更多的认同。

4.3 未来的共同发展

中国的可持续建筑的历史，已有几千年的历史。天人合一是中国传统建筑中最为推崇的理念和追求的终极目标。人、建筑和自然和谐共存，这也是建筑可持续发展的最佳状态。

绿色可持续建筑的内容涉及建筑业的几乎所有的方面，而且代表着更高的建筑质量和未来的发展方向。中德两国的绿色建筑专家应以绿色可持续建筑为主线，综合系统地对比和研究两国建筑业的基本情况（如标准、规范、工程实践流程质量和控制措施等），深入研究，取长补短，共同提高两国建筑业的平均水平，使绿色可持续成为两国建筑业的新常态。

近年来，BIM 技术在世界范围内迅速推广开来。中德两国的业界人士也都非常积极地参与着 BIM 技术的开发和实践。BIM 已从最初的简单的结构设计工具，转变为真正贯穿设计、施工和运维各阶段的综合性工具。可持续建筑在全生命期里一直在持续地进行动态优化。而 BIM 技术的出现，为这个持续动态的优化过程提供了便捷的工具。通过 BIM 技术可整合项目信息，实现整合设计，从设计、施工到运维各阶段实现项目质量控制和方案优化，而且，对于建筑绿色可持续性的评估程序也会明显地简化。如何进一步利用 BIM 的优势，使之更好地助力建筑绿色可持续的发展，实现“可持续 BIM”是中德两国绿色建筑从业者共同努力的方向。

4.4 全球可持续发展目标

在 2015 年，联合国发布了 2030 年可持续发展议程，并同时确定了 17 个可持续发展目标（图 5-4-1）。这些目标为全世界各国的发展指明了方向。而建筑业的可持续发展直接或间接地决定着这 17 个目标是否能够顺利实现。

图 5-4-1 联合国可持续发展目标

（源于 http：//www. un. org/sustainabledevelopment/zh/sustainable-development-goals/）

德国可持续建筑委员会已经把业务和工作方向根据联合国的可持续发展目标进行了调整和定位，并将其作为下一步发展的基础和指导。可持续发展已经成为中国的国家战略，中国的建筑业者同样担负着确保世界可持续发展目标得以实现的重任。两国的专业人员应加强专业和技术的交流，相互学习，紧密合作，一同为全人类的目标共同奋斗。

附　录

附录1　中国工程建设标准化协会绿色建筑与生态城区专业委员会简介

中国工程建设标准化协会绿色建筑与生态城区专业委员会（简称“中国建设标协绿色生态委员会”），英文译名为：Technical Committee of Green Building and Eco-District，China Association for Engineering Construction Standardization，登记号4058-51，是由绿色建筑与生态城区专业领域从事工程建设标准化活动的个人和单位自愿参加组成，经中国工程建设标准化协会批准成立的分支机构（登记证书：社政字第4058-51号）。委员会的依托单位是中国建筑科学研究院，办公住所设在北京市北三环东路30号（100013）。

中国建设标协绿色生态委员会第一届委员会于2015年正式成立，现有委员72名，并特聘王有为、毛志兵、李迅、缪昌文、程大章、韩继红等知名专家担任顾问。本委员会的委员均为热心支持或从事标准化工作，在绿色建筑与生态城区专业领域内具有一定影响力，学术上有成就或工作上有贡献的技术或管理人员，主要来自研究院所、高等院校、规划院、设计院、建设业企业、房地产开发企业、专业技术企业、检验检测认证机构、行业公益机构。委员会设立常务委员会，在委员全体会议闭会期间行使有关职责。根据工作需要，本委员会下设了绿色建材、更新改造、数字智慧等专业组或工作组。

以针对特殊形态的绿色建筑及区域的评价标准和建设标准、绿色建筑全生命期中建设流程上的重要节点标准、绿色建筑发展所涉及的重点专项技术标准为发展重点，中国建设标协绿色生态委员会现已组织行业有关单位开展编制《既有建筑绿色改造技术规程》T/CECS 465-2017等绿色建筑团体标准40余部。此外，委员会还与有关单位合作组织了国家标准《既有建筑绿色改造评价标准》GB/T 51141等标准的宣贯培训，在《工程建设标准化》杂志刊登了“绿色建筑与生态城区”专栏系列论文20余篇，与武进绿色建筑产业集聚示范区、《暖通空调》杂志社、德国可持续建筑委员会（DGNB）等国内外机构开展交流合作。

中国建设标协绿色生态委员会积极响应和切实贯彻中国共产党十八届五中全会“坚持绿色发展”、“推进美丽中国建设”要求以及节约资源和保护环境的基本国策，联合绿色建筑与生态城区领域各方面的力量，积极开展工程建设标准化活动，反映会员诉求，不断提高绿色建筑与生态城区专业工程建设标准化科学技术水平和标准化工作者的素养，促进绿色建筑与生态城区标准化事业的健康发展。围绕绿色建筑协会标准这一工作核心，将其打造成为绿色建筑国家标准和行业标准的有益补充和有力支撑，进而共同达成优势互补、良性互动、协同发展的标准化工作模式，为我国全面建设小康社会和生态文明贡献力量。

历届委员会的组织机构情况：

第一届委员会
(2015年11月)

附录 2　可持续建筑与城区标准化大事记

该部分记录了 2016 年 1 月～2017 年 11 月，国内和可持续建筑与城区标准化相关的主要事迹，包括国家政策发布、技术标准编制和实施、重要组织活动三部分。

◆国家政策发布

2016 年 2 月 4 日，国家发展改革委、住房和城乡建设部印发《城市适应气候变化行动方案》（发改气候〔2016〕245 号），要求积极发展被动式超低能耗绿色建筑，到 2020 年建设 30 个适应气候变化试点城市，绿色建筑推广比例达到 50％。

2016 年 2 月 6 日，国务院印发《关于深入推进新型城镇化建设的若干意见》（国发〔2016〕8 号），要求对大型公共建筑和政府投资的各类建筑全面执行绿色建筑标准和认证，积极推广应用绿色新型建材、装配式建筑和钢结构建筑。

2016 年 2 月 6 日，中共中央、国务院印发《关于进一步加强城市规划建设管理工作的若干意见》（中发〔2016〕6 号），提出了“适用、经济、绿色、美观”的建筑方针，要求推广绿色建筑和建材、发展被动式房屋等绿色节能建筑、完善绿色节能建筑和建材评价体系。

2016 年 2 月 17 日，国家发展改革委等十部委共同印发《关于促进绿色消费的指导意见》（发改环资〔2016〕353 号），要求使用政府资金建设的公共建筑全面执行绿色建筑标准，完善绿色建筑和绿色建材标识制度，研究出台支持绿色建筑等绿色消费信贷的激励政策。

2016 年 3 月 5 日，李克强总理在第十二届全国人民代表大会第四次会议上做政府工作报告。报告在 2016 年重点工作的“深入推进新型城镇化”部分，明确提出“积极推广绿色建筑和建材，大力发展钢结构和装配式建筑，提高建筑工程标准和质量。”

2016 年 3 月 29 日，国务院印发《关于落实＜政府工作报告＞重点工作部门分工的意见》（国发〔2016〕20 号），要求积极推广绿色建筑和建材，大力发展钢结构和装配式建筑，加快标准化建设，提高建筑技术水平和工程质量。

2016 年 8 月 2 日，国家发展改革委、住房和城乡建设部开展气候适应型城市建设试点工作，并于 2017 年 2 月 21 日确定了 28 个地区作为气候适应型城市建设试点。

2016 年 8 月 8 日，国务院印发《关于“十三五”国家科技创新规划的通知》（国发〔2016〕43 号），“绿色建筑与装配式建筑研究”是“发展新型城镇化技术”部分的 3 项内容之一，要求加强绿色建筑规划设计方法与模式、近零能耗建筑、建筑新型高效供暖解决方案研究，建立绿色建筑基础数据系统，研发室内环境保障和既有建筑高性能改造技术。开发耐久性好、本质安全、轻质高强的绿色建材，促进绿色建筑及装配式建筑实现规模化、高效益和可持续发展。

2016年8月9日，住房和城乡建设部印发《深化工程建设标准化工作改革的意见》（建标〔2016〕166号），提出了政府制定强制性标准、社会团体制定自愿采用性标准的长远目标，计划到2025年，初步建立以强制性标准为核心、推荐性标准和团体标准相配套的标准体系。

2016年9月30日，国务院办公厅印发《关于大力发展装配式建筑的指导意见》（国发办〔2016〕71号），要求提高绿色建材在装配式建筑中的应用比例，并在绿色建筑评价等工作中增加装配式建筑方面的指标要求。

2016年10月24日，中共中央、国务院关于印发《国家创新驱动发展战略纲要》（中发〔2016〕4号），要求推动绿色建筑、智慧城市、生态城市等领域关键技术大规模应用。

2016年12月7日，国务院办公厅印发《关于建立统一的绿色产品标准、认证、标识体系的意见》（国办发〔2016〕86号），将现有环保、节能、节水、循环、低碳、再生、有机等产品整合为绿色产品，到2020年，初步建立系统科学、开放融合、指标先进、权威统一的绿色产品标准、认证、标识体系。

2016年12月13日，国务院印发《关于中国落实2030年可持续发展议程创新示范区建设方案的通知》（国发〔2016〕69号），将在"十三五"期间创建10个左右国家可持续发展议程创新示范区。

2017年3月1日，住房和城乡建设部印发《关于建筑节能与绿色建筑发展"十三五"规划的通知》（建科〔2017〕53号），要求城镇新建建筑中绿色建筑面积比重超过50%，绿色建材应用比重超过40%。

2017年4月26日，住房和城乡建设部印发《关于建筑业发展"十三五"规划的通知》（建市〔201798号），要求到2020年，城镇绿色建筑占新建建筑比重达到50%，新开工全装修成品住宅面积达到30%，绿色建材应用比例达到40%。装配式建筑面积占新建建筑面积比例达到15%。

2017年10月18日，习近平总书记在"十九大"报告中提到"倡导简约适度、绿色低碳的生活方式，反对奢侈浪费和不合理消费，开展创建节约型机关、绿色家庭、绿色学校、绿色社区和绿色出行等行动。"

◆技术标准编制和实施

2016年1月6日，中国建筑学会发布学会标准《健康建筑评价标准》T/ASC 02—2016，自2017年1月6日起实施。

2016年4月15日，住房和城乡建设部发布国家标准《民用建筑能耗标准》GB/T 51161—2016，自2016年12月1日起实施。

2016年4月15日，住房和城乡建设部发布国家标准《绿色饭店建筑评价标准》GB/T 51165—2016，自2016年12月1日起实施。

2016年5月25日，中国工程建设标准化协会发布《2016年第一批工程建设协会标准制订、修订计划》，《既有建筑绿色改造技术规程》《绿色村庄评价标准》《民用建筑绿色装修设计材料选用规程》等绿色建筑与生态城区标准列入编制计划。

2016年6月20日，住房和城乡建设部发布国家标准《绿色博览建筑评价标准》GB/T 51148—2016，自2017年2月1日起实施。

2016年9月18日，商务部发布行业标准《绿色仓库要求与评价》SB/T 11164—

2016，自 2017 年 5 月 1 日起实施。

2016 年 10 月 13～14 日，由中国建筑科学研究院、中国工程建设标准化协会绿色建筑与生态城区专业委员会、中国城市科学研究会绿色建筑研究中心联合主办的国家标准《既有建筑绿色改造评价标准》GB/T 51141—2015 宣贯培训会议在北京召开。

2016 年 10 月 24 日，中国工程建设标准化协会发布《2016 年第二批工程建设协会标准制订、修订计划》和《中国工程建设标准化协会 2016 年第二批产品标准试点项目计划》，《绿色建筑检测技术规程》《绿色养老建筑评价标准》等绿色建筑与生态城区标准列入编制计划。

2016 年 10 月 26 日，由中国城市科学研究会会同 20 家单位共同编制的工程建设国家标准《绿色校园评价标准》的送审稿审查会议在北京召开。

2016 年 12 月 15 日，住房和城乡建设部发布行业标准《绿色建筑运行维护技术规范》JGJ/T 391—2016，自 2017 年 6 月 1 日起实施。

2017 年 1 月 3 日，中国民用航空局发布行业标准《绿色航站楼标准》MH/T 5033—2017，自 2017 年 2 月 1 日起实施。

2017 年 3 月 1 日，中国工程建设标准化协会发布协会标准《既有建筑绿色改造技术规程》T/CECS 465—2017，自 2017 年 6 月 1 日起施行。

2017 年 5 月 24 日，中国工程建设标准化协会发布《2017 年第一批工程建设协会标准制订、修订计划》和《中国工程建设标准化协会 2017 年第一批产品标准试点项目计划》《绿色建筑运营后评估标准》《绿色建材评价标准》《绿色建筑性能数据应用技术规程》等绿色建筑与生态城区标准列入编制计划。

2017 年 6 月 6 日，中国工程建设标准化协会发布协会标准《建筑与小区低影响开发技术规程》T/CECS 469—2017，自 2017 年 10 月 1 日起施行。

2017 年 7 月 31 日，住房和城乡建设部发布国家标准《绿色生态城区评价标准》GB/T 51255—2017，自 2018 年 4 月 1 日起实施。

2017 年 7 月，中国建筑科学研究院主编的《中国绿色建筑标准规范回顾与展望》由中国建筑工业出版社出版、发行。

2017 年 10 月 17 日，中国工程建设标准化协会发布《2017 年第二批工程建设协会标准制订、修订计划》和《中国工程建设标准化协会 2017 年第二批产品标准试点项目计划》，《健康社区评价标准》《绿色住区标准》等绿色建筑与生态城区标准列入编制计划。

2017 年 10 月 25 日，住房和城乡建设部发布国家标准《绿色照明检测及评价标准》GB/T 51268—2017，自 2018 年 5 月 1 日起实施。

2017 年 11 月 20 日，中国工程建设标准化协会发布《中国工程建设标准化协会 2017 年第三批产品标准试点项目》，《绿色建材评价标准—预制构件》等 100 项绿色建材评价系列标准列入编制计划，有望规范绿色建材评价工作、促进绿色建材的推广应用。

◆重要组织活动

2016 年 1 月 15 日，全国首期绿色工业建筑培训班在江苏南京举办。

2016 年 3 月 30～31 日，“第十二届国际绿色建筑与建筑节能大会暨新技术与产品博览会”在北京召开，主题为“绿色化发展背景下的绿色建筑再创新”，同期召开分论坛 23 个。

2016 年 4 月 13～15 日，第八届既有建筑改造技术交流研讨会在北京召开，主题为

“推动建筑绿色改造，提升人居环境品质”，会议设分论坛 3 个。

2016 年 5 月 27 日，住房和城乡建设部、工业和信息化部召开绿色建材评价标识工作座谈会，发布第一批三星级绿色建材评价机构和第一批获得三星级绿色建材评价标识的 32 家企业、45 个产品。

2016 年 7 月 8 日，中国绿色建筑委员会在宁波召开“计划单列市和港澳地区绿色建筑联盟成立会”。

2016 年 9 月 23 日，第六届夏热冬冷地区绿色建筑联盟大会暨绿色建筑技术论坛在安徽合肥召开，论坛主题为“践行绿色建筑行动，促进城乡建设绿色发展”。

2016 年 10 月 27～28 日，第五届严寒寒冷地区绿色建筑联盟大会暨绿色建筑技术论坛在陕西西安召开，活动主题为“发展绿色建筑，构建宜居城市”。

2016 年 12 月 6～8 日，第六届热带、亚热带地区绿色建筑技术论坛暨夏热冬暖地区绿色建筑技术论坛在广东广州召开，活动主题为“绿色建设，生态城镇”。

2016 年 12 月 19 日，由教育部学校规划建设发展中心与中国绿色建筑与节能专业委员会联合主办的，以“规划绿色校园，创建未来大学”为主题的中国绿色校园设计联盟成立大会暨首届中国绿色校园发展研讨会在深圳顺利召开。

2017 年 3 月 21～22 日，“第十三届国际绿色建筑与建筑节能大会暨新技术与产品博览会”在北京顺利召开，主题为“提升绿色建筑质量，促进节能减排低碳发展”，同期召开分论坛 29 个。

2017 年 4 月 20～21 日，第九届既有建筑改造技术交流研讨会在湖南长沙召开，主题为“推动绿色节能改造，营造健康宜居环境”，会议设分论坛 6 个。

2017 年 6 月 5～7 日，可持续建筑环境全球会议（World Sustainable Built Environment Conference）在香港召开，会议主题为“建筑环境变革：创新、融合、实践”。

2017 年 7 月 27～28 日，“2017（第十二届）城市发展与规划大会”在海口召开，围绕主题共设立海绵城市规划与建设、城市更新与低碳发展、绿色生态社区评价与发展、城市老旧小区改造实践与有机更新等 24 个研讨专题。

2017 年 8 月 24～25 日，第六届严寒寒冷地区绿色建筑联盟大会暨中国建筑学会建筑物理分会绿色建筑技术专业委员会学术年会在黑龙江哈尔滨召开。

2017 年 11 月 4～7 日，第八届建筑与环境可持续发展国际会议（SuDBE2017）与第八届室内环境与健康分会学术年会（IEHB2017）在重庆召开，同期召开分论坛 20 余个，绿色生态委员会承办会议“绿色建筑标准体系”分论坛。

2017 年 11 月 18 日，第十九届中国国际高新技术成果交易会暨绿色生态城市发展高峰论坛在深圳召开，其中专业展中设立了以“创新绿色发展，提升建筑品质”为主题的“绿色建筑展”。

2017 年 11 月 24 日，绿色建筑与绿色建材标准及实践论坛在江苏常州召开，论坛主题为“绿色化市场、标准化保障”，同期召开“绿色建筑”和“绿色建材”分论坛。

2017 年 11 月 28～30 日，筑博会｜第七届夏热冬冷地区绿色建筑联盟大会在湖南长沙召开，活动主题为“绿色建筑引领工程建设全面绿色发展”。

2017 年 11 月 28～30 日，第七届热带、亚热带（夏热冬暖）地区绿色建筑技术论坛暨澳门大型公共建筑智慧运营研讨会在澳门特别行政区召开。